ISBN 978-3-662-29934-0   ISBN 978-3-662-30078-7 (eBook)
DOI 10.1007/978-3-662-30078-7

Die „Zeitschrift für Konstitutionslehre" erscheint als zweite Abteilung der „Zeitschrift für die gesamte Anatomie" nach Maßgabe des eingehenden Materials in zwanglosen, einzeln berechneten Heften, die zu Bänden wechselnden Umfangs vereinigt werden.

Jeder Verfasser erhält auf Bestellung bis 100 Sonderabzüge seiner Arbeit, falls diese 1 ½ Druckbogen (= 24 Seiten) Umfang nicht übersteigt, sonst bis 60 Exemplare unentgeltlich, die weiteren gegen Berechnung.

Alle Manuskriptsendungen sind zu richten an:

Herrn Professor Dr. J. Tandler, Wien IX, Anatomie.

Im Interesse der unbedingt gebotenen Sparsamkeit wollen die Herren Verfasser auf knappste Fassung ihrer Arbeiten und Beschränkung des Abbildungsmaterials auf das unbedingt erforderliche Maß bedacht sein.   Die Verleger.

---

8. Band.   Inhaltsverzeichnis.   6. Heft.

Seite

Boening, Heinz. Studien zur Körperverfassung der Langlebigen 459
Schilf, Friedrich. Die quantitativen Beziehungen der Nebennieren zum übrigen Körper. (Mit 2 Textabbildungen) 507
Peters, A. Die Vererbung der Katarakt im Lichte der Konstitutionspathologie . 545
Autorenverzeichnis 551

Springer-Verlag Berlin Heidelberg GmbH

Studien zur Anatomie und Klinik der Prostatahypertrophie. Von Julius Tandler, o. ö. Professor. Vorstand des anat. Instituts an der Universität Wien, und Otto Zuckerkandl †, a. o. Professor der Chirurgie an der Universität Wien. Mit 121 zum Teil farbigen Abbildungen. (VI, 130 S.) 1922.
Preis M. 148.—; in Ganzleinen gebunden M. 192.—

Chirurgische Anatomie und Operationstechnik des Zentralnervensystems. Von Dr. J. Tandler, o. ö. Professor der Anatomie an der Universität Wien, und Dr. E. Ranzi, a. o. Professor der Chirurgie an der Universität Wien. Mit 94 zum großen Teil farbigen Figuren. (VI, 159 S.) 1920.   Gebunden Preis M. 56.—*

Die biologischen Grundlagen der sekundären Geschlechtscharaktere. Von Dr. Julius Tandler, o. ö. Professor der Anatomie an der Universität Wien, und Dr. Siegfried Grosz, Privatdozent für Dermatologie und Syphilidologie an der Universität Wien. Mit 23 Textfiguren. (IV, 169 S.) 1913.   Preis M. 8.—*

Topographische Anatomie dringlicher Operationen. Von J. Tandler, o. ö. Professor der Anatomie an der Universität Wien.   Zweite Auflage in Vorbereitung

*Hierzu Teuerungszuschlag

(Aus dem Pathologischen Institut der Universität Jena. [Direktor: Prof. Dr. R. Rössle].)

Studien zur Körperverfassung der Langlebigen.*)

Von

Heinz Boening,
ehemal. Medizinalpraktikanten am Institut.

(Eingegangen am 18. April 1922.)

Wir wollen mit den nachfolgenden Untersuchungen einen kleinen Beitrag zu Altersforschung, speziell zur Frage der Langlebigkeit geben, die als Problem und erstrebenswertes Ziel fast so lange, wie es Kulturmenschheit gibt, theoretisch interessiert hat, und so häufig in Versuchen einer mehr oder minder wissenschaftlichen Makrobiotik, einer Lehre von der Kunst, das menschliche Leben zu verlängern, praktisch angegangen worden ist.

Gleich an der Schwelle des Gesamtproblems der Langlebigkeit stehen bei genauerer Betrachtung viele kleine (oder, wenn man will, große) Teilprobleme. Mit welchem Lebensjahr wird die Langlebigkeit, die zweifellos so häufig nur als latente Potenz, als ,,Talent zum langen Leben'' auftritt (*Rössle*), das sich bloß infolge zufälliger Katastrophen im individuellen Lebensablauf nicht auswirken kann, manifest? Mit anderen Worten: Wann darf man von ,,Höchstaltrigkeit'' sprechen, wenn man ,,Höchstaltrigkeit'', wie man doch mit so schöner begrifflicher Klarheit kann, als manifest, ,,tatsächlich'' gewordene Langlebigkeit auffaßt? Wir entschieden uns dahin, für unsere Untersuchungen zunächst einmal vom 80. Lebensjahr ab Höchstaltrigkeit und somit Langlebigkeit anzunehmen, waren uns aber der Willkür klar bewußt, die in dieser Grenzsetzung liegt, welche später auch noch in unseren Ergebnissen als vielleicht ungerechtfertigt zur Sprache kommen wird. Wir werden gleich noch einmal darauf zurückkommen.

Selbstverständlich liegt unserer Auffassung von Langlebigkeit eine ganz bestimmte Überzeugung zugrunde, die der Arbeit erst recht eigentlich Sinn und Wert gibt; die Überzeugung nämlich, daß es sich bei den Langlebigen um eine besondere Art, eine eigene ,,Rasse'' von Menschen besonderer Konstitution handelt, daß Langlebigkeit eine ,,konstitutionell verankerte'' Eigenschaft, eine genotypische Angelegenheit, ,,etwas, was ohne die Familie nicht denkbar ist'' (*Rössle*), darstellt.

Wir gebrauchen hier das Wort Konstitution in einem allerweitesten Sinn, so wie es *Rössle* versteht, der damit ,,jene innere, dem Individuum eigentümliche Anordnung seiner Organisation'' meint, ,,welche *im wesentlichen* (von

---

*) Der Aufsatz enthält den wesentlichen Inhalt aus der gleichbetitelten Dissertation des Verfassers, die in vielen Punkten ausführlicher gestaltet, wegen des beschränkten Raumes nicht ungekürzt zum Abdruck kommen konnte.

uns gesperrt) in seinen ererbten Eigenschaften ihren Ausdruck findet, wenn diese auch durch die Wirkung äußerer Einflüsse, die Erlebnisse des Körpers und die Erfahrungen der Psyche bis zu einem gewissen Grad abgeändert werden können". Es scheint im Grunde kein großer Unterschied zwischen dieser Formulierung des Konstitutionsbegriffs und der noch allgemeineren von *Lubarsch* zu herrschen, der „unter Konstitution diejenige Beschaffenheit (oder Verfassung) des Organismus versteht, von der seine besondere Reaktion (die Art der Reaktion) auf Reize abhängt". Hier ist bloß die ausdrückliche Betonung des Vererbungsfaktors in der Konstitution als im einzelnen schwer nachweisbar vermieden, seine Wichtigkeit wird im übrigen von *Lubarsch* zugegeben. Jedenfalls ist beiden Auffassungen eines gemeinsam, was entscheidend ist: ihr Konstitutionsbegriff ist der Gegenstand einer *allgemeinen* Konstitutionslehre, ist kein *nur pathologischer* Begriff.

So wollten wir den Versuch des Nachweises und der Ergründung der Langlebigenkonstitution unternehmen, wobei wir uns hauptsächlich, wie noch dargelegt werden soll, der grob anatomischen Methode bedienten. Wir durften wenigstens hoffen, auf diesem Wege wirklich das Vorhandensein eines besonderen so und so gearteten Typus des Langlebigen erweisen zu können, vielleicht damit sogar einer kausalen Erforschung der Langlebigkeit näher zu kommen.

Der konstitutionelle Charakter der Langlebigkeit ist eine Annahme, die sich mehr auf hier und dort verstreute Einzelbeobachtungen als auf Ergebnisse exakter Forschung stützt. Er wäre natürlich in dem Augenblick zur empirischen Gewißheit geworden, wo an einem genügend großen Ahnentafelmaterial die Vererblichkeit der Langlebigkeit tatsächlich aufgezeigt wäre. Mit einer Arbeit von *Genschel* aus dem *Rössle*schen Institut ist dazu ein verheißungsvoller Anfang gemacht. Bei der Schwierigkeit solcher Untersuchungen wird man aber zahlreiche weitere Mitteilungen abwarten müssen. — Es gibt vielleicht noch einen anderen Weg, die Höchstaltrigen als biologischen Sondertypus deutlich zu machen, nämlich einen einfachen statistischen (ich verdanke den Hinweis darauf Herrn Prof. *Rössle*).

Die Absterbeordnungen, unter anderen auch die von *Pütter* in seinem Aufsatz „Zur Physiologie der Lebensdauer" reproduzierte Überlebenstafel der deutschen Männer von 1870—1881, zeigen in der kurvenmäßigen Darstellung vom 50. bis etwa zum 80. Lebensjahre einen gleichmäßigen, ziemlich steilen Abfall der Kurve, die sich aber vom 80. Lebensjahr ab weniger steil senkt und in ihrem Neigungs„winkel" zur Abszisse wieder dem kleinen Winkelwert entspricht, der in derselben Kurve die geringe Sterblichkeit der 20—40jährigen ausdrückt. Es entstand auf den ersten Blick die Frage, ob sich jenseits des 80. Lebensjahres tatsächlich wieder eine geringere Sterblichkeitstendenz einstellt, ob die 80jährigen Neigung zeigen, noch älter zu werden, oder was wohl wahrscheinlich ist, ob hier nur der bildliche Ausdruck des ganz simplen Sachverhalts vorliegt, daß das Menschenleben eben nicht generell mit dem 80. Jahre oder bald darnach aufhört, sondern daß sich für das neunte und zehnte Lebensjahrzehnt immer noch einige wenige Vertreter finden, welche die Kurve nur allmählich sich der Abszisse nähern lassen. Jedenfalls blieb das Problem bestehen: *Wird mit dem 80. Lebensjahr das Zahlenmaterial der herkömmlichen Ab-*

sterbeordnungen viel zu gering, um daraus noch Schlüsse für die Sterblichkeitstendenz zu ziehen? Ist überhaupt dem Greisenalter als solchem schon die nötige statistische Aufmerksamkeit geschenkt worden?

Die Erwägung dieses Punktes mußte für uns von besonderer Wichtigkeit sein; einerseits bestand ja die Möglichkeit, auf statistischem Wege überhaupt den Sondercharakter der Höchstaltrigen zu erweisen, andererseits konnte der Entschluß, zu den Langlebigen gerade die Menschen mit 80 und mehr Jahren zu rechnen, dabei eine Begründung gewinnen und an Willkür verlieren.

Die Lehrbücher der medizinischen Statistik brachten zu der Frage keine Einzelheiten. Das Studium der allgemeinen deutschen Sterbetafeln für die letzten Jahrzehnte und ähnlicher altersstatistischer Aufstellungen, Rechenexperimente mannigfaltiger Art, die wir daran vornahmen und deren graphische Darstellung, das alles zeigte nichts, was zur Lösung der Frage in dem uns erwünschten Sinne beigetragen hätte. Die Sterbenswahrscheinlichkeit wuchs, die mittlere Lebenserwartung sank durch das ganze Senium hindurch, ohne auch nur Stadien auffälligen Stillstandes erkennen zu lassen.

Auch ein neuerer, interessanter, aber in allen Teilen stark das Gepräge der Konstruktion tragender Versuch von *Pütter*, den — das muß ihm zugegeben werden — verschwommenen Begriff der „mittleren Lebensdauer" zu eliminieren und durch den des „Alternsfaktors" zu ersetzen, half uns nicht weiter. Hier wird die Kurve der Absterbeordnung einer Funktion zugeordnet, die in „Alterns"- und „Vernichtungsfaktor" zwei aus jeder Absterbeordnung zahlenmäßig berechenbare fixe Größen enthalten soll. Das Hinsterben einer Menschengruppe wird durch eine Formel beherrscht; es „erfolgt so, als ob dauernd die äußere Schädigungswahrscheinlichkeit dieselbe bliebe, während die Widerstandsfähigkeit gegen die Schädigungen als Funktion der Zeit abnimmt". In dem obengenannten Vernichtungsfaktor haben wir das Maß für die äußere Schädigungswahrscheinlichkeit, im Alternsfaktor das für die Geschwindigkeit zu sehen, „mit der sich die inneren Bedingungen so verschieben, daß das lebende System leichter durch äußere Schädlichkeiten zerstört werden kann". Der Alternsfaktor „mißt also die Geschwindigkeit des Alterns aus inneren Gründen". Durch ihn, der als rein *physiologischer* (!) Begriff gerühmt wird, durch seine Formel sieht sich *Pütter* imstande, für jedes Lebensalter genau „anzugeben, wieviele Prozente von den Todesfällen, die in ihnen vorkommen, auf Rechnung des Alterns zu setzen sind". Er findet beispielsweise für das neunte Lebensjahrzehnt 99,5% auf das Konto des „Alterns" (d. i. auf Wirkung der verminderten Widerstandsfähigkeit) zu setzende Todesfälle. *Pütter* geht also auf dem Wege der Mathematisierung biologischer Verhältnisse außerordentlich weit. Sein Grundgedanke ist, „daß das Absterben einen kontinuierlichen Vorgang darstellt, der in jüngeren Jahren die Reihen der Lebenden nach den gleichen Gesetzen lichtet wie im höchsten Greisenalter", während unsere Meinung dahin ging, daß, wie es eine Statistik des Kindesalters als eines biologischen Sonderabschnittes gibt, auch eine solche des Greisenalters sich emanzipieren müßte, die an Hand eines größeren Materials und vielleicht mit besonderen Methoden der Frage der Langlebigkeit nachginge. Doch das würde Sache des zünftigen Statistikers sein müssen.

Wir wollten — und damit münden wir wieder in unsere besonderen Gedankengänge ein — im wesentlichen auf grob anatomischem Wege das Langlebigkeitsproblem angehen, indem wir den Gedanken *Rössles* ausführten, „daß man über die Frage der Langlebigkeit ... durch Vergleiche von zahlreichen älteren Leuten mit den nächst jüngeren Altersklassen einigen Aufschluß erwarten dürfe".

Der Vergleich wurde vorgenommen an Hand von sektionsprotokollarischen Aufzeichnungen, die — auf diesen Punkt werden wir noch manchmal hinzuweisen haben — natürlich vieles, allzuvieles von der Beredsamkeit vermissen lassen, die nach *Virchow* die Leiche auf dem Sektionstisch für den pathologischen Anatomen hat und die wir gerade für unser Problem so gut gebrauchen könnten.

Wir untersuchten je 100 Individuen (zur Hälfte Männer, zur Hälfte Frauen) aus drei durch zwei Intervalle von einem Quinquennium getrennten Altersstufen. Die Intervallsetzung sollte durch Ausschaltung von „Übergangstypen" den jeweiligen Gesamthabitus der Stufe reiner hervortreten lassen und so den Vergleich erleichtern. Die Klasse I umfaßte die 60—64jährigen, Klasse II die 70—74jährigen und Klasse III die „Höchstaltrigen", „Langlebigen", die über 80 Jahre alten Individuen, die wir somit als homogenes Material ansprachen. Möglich war dabei immer, wie schon mehrfach angedeutet, daß man bei solcher Grenzsetzung zahlreiche in die Höchstaltrigkeit „Verirrte" mitrechnete, deren Fatum die Langlebigkeit von Haus aus durchaus nicht war. Eine Übersicht über das Durchschnittsalter der jeweiligen Stufe und die Vertretung der einzelnen Jahrgänge in Klasse III lassen wir folgen.

Klasse	Durchschnittsalter in Jahren bei			Es standen im Alter von		
	Männer	Weiber	der Gesamtklasse	Jahren	Männer	Weiber
I	62,6	61,6	62,1	80	14	12
II	71,5	71,7	71,6	81	4	8
III	83,5	83,2	83,4	82	8	5
				83	5	8
				84	2	3
				85	3	3
				86	3	3
				87	5	3
				88	2	1
				89	1	1
				91	1	1
				92	1	1
				93	—	1
				96	1	—

Die Sektionsprotokolle wurden ohne Auswahl der Reihenfolge nach von 1920 ab rückwärts den Beständen des Instituts entnommen. Sie führten für Klasse I bis 1917, für Klasse II bis 1912, für Klasse III bis 1901 zurück. Das Material zu Klasse III entstammte etwa zur Hälfte den Zeiten des früheren Institutsleiters *W. Müller*. Es war eine nicht vermeidbare Schwierigkeit, plötzlich mit anderem protokollarischem Sprachgebrauch und häufig sicher auch anderem Beurteilungsmodus rechnen zu müssen.

Der Vergleich dieser Altersstufen miteinander konnte von vornherein keinen Anspruch auf Vollständigkeit nach jeder Richtung hin machen. Das ist bei — auch guten — Protokollen als Unterlage unmöglich. Manchen an sich nicht unwichtigen Punkt mußten wir vom Vergleich ausschließen, weil er nur selten beachtet war, oder weil die schematische Redeweise des Protokolls feine Einzelzüge, auf die es angekommen wäre, nicht zur Geltung kommen ließ, oder weil die Subjektivität des Obduzenten bei der Beurteilung naturgemäß zu weiten Spielraum haben mußte.

Der Vergleich hatte weiter ohne großen systematischen Grundplan bald physiologische, bald pathologische Organveränderungen zum Gegenstand, bald untersuchte er die Verteilung bestimmter Leiden in den verschiedenen Klassen, dann wieder klinische Krankheitsbilder; im wesentlichen verließ er die anatomische Grundlage nicht. Manche Daten der Sektionsprotokolle verlockten zunächst zu Ausflügen ins Gebiet klinisch-physiologischer Betrachtung; so hätten sich vielleicht hier und dort Vermutungen über die Resistenz der Greise gegenüber dem Trauma der Operation und über ihre Reaktion auf solches Trauma anstellen lassen. Aber im ganzen waren diese Angaben für die Auswertung zu spärlich, wie nach unserer Meinung eine solche Auswertung überhaupt nur bei Erwägung aller in Betracht kommenden Momente von Belang ist und eine besondere schwierige Aufgabe mit besonderer Methode darstellt.

Nach solchen Überlegungen durften wir diese, notgedrungen etwas undisziplinierten Untersuchungen als Studien bezeichnen, als Studien zur (im schlichten Wortverstande) Körperverfassung der Langlebigen, die uns vielleicht einen Einblick ins konstitutionelle Wesen der Höchstaltrigen gestatten würden.

Wir mußten notwendig häufig mit Durchschnittsbestimmungen arbeiten, und darin liegt, um das gleich vorweg zu nehmen, ein großer Fehler! Manche bedeutsame individuelle Einzelheit wird vom Durchschnitt verschlungen. Liegt erst einmal die Langlebigkeit (im Sinne unserer Definition) als allgemein-anerkanntes Faktum sui generis vor, dann wird die Langlebigkeitsforschung noch ein Stadium passieren müssen, in dem dieselbe liebevolle und ausdrücklich aufs Individuelle gehende kasuistische Sammeltätigkeit zu dieser Erscheinung einsetzt, wie zu irgendeinem beliebigen seltenen Krankheitsbild.

Was konnte, um damit diese Vorbemerkungen zu schließen, so ungefähr als (positives) Resultat des Vergleichs zu erwarten sein? Hinsichtlich physiologischer Altersveränderungen konnte sich der durchschnittliche Vertreter von Klasse III im allergünstigsten Falle im ganzen oder in einzelnen Teilen biologisch jünger als der Durchschnitt von Klasse II präsentieren, im weniger günstigen als trotz des höheren Kalenderalters „gleichaltrig" oder nicht entsprechend gealtert. Dieselben Überlegungen gelten für pathologische Veränderungen, die den Altersprozeß in auffallender Weise zu begleiten pflegen (Atherosklerose!).

Klasse III konnte sich ferner als von anderen wichtigen Krankheiten (i.w.S.) in auffallender Weise verschont erweisen oder etwa besondere Formen solcher Krankheiten zeigen, deren Eigenart nicht eben sofort durch das höhere Alter selbst erklärt wurde, also ein einfaches Beispiel der Greisenpathologie darbot.

So viel zur ungefähren methodologischen Orientierung.

Eines ist gewiß: Über die mancherlei schwachen Punkte in Basis und Methode der Arbeit gaben wir uns von vornherein keiner Täuschung hin. Aber das große Gebiet des Langlebigkeitsproblems liegt ja in so vielen Teilen noch unerforscht, daß auch ein Vorstoß mit etwas unzulänglichen Mitteln einige wissenschaftliche Ausbeute verhieß.

(Wir ergänzten unser Stammaterial häufig durch Daten, die dem — was Zahlenangaben betrifft — großen, zuverlässigen und noch längst nicht gesichteten Material *W. Müllers* entstammen. Auch die Mitteilungen in *Schlesingers* „Krankheiten des höheren Lebensalters", der jüngsten Monographie über diesen Gegenstand, und in *Rössles* Sammelreferat „Wachstum und Altern" wurden besonders oft und gern zur Ergänzung und Sicherung der eigenen Ergebnisse [an doch relativ kleinem Material] herangezogen.)

Körpergröße.

Eine Untersuchung der Längenverhältnisse des menschlichen Körpers in den drei Klassen des Seniums konnte von vornherein auf zwei Aufgaben abzielen. Es konnte zunächst die Frage aufgeworfen werden, ob etwa die höchste Altersstufe in geringerem Maße den Einfluß der senilen Atrophie an Knochen und Bandapparat, als der Hauptursache der Längenabnahme im Alter, aufweise. Dieses Problem konnten wir dann fallen lassen, als uns (von anderen Momenten abgesehen, die wir beim Studium der Knochenbeschaffenheit im Alter behandeln werden) die vergleichende Betrachtung der übrigen Organe, wie wir noch sehen werden, mit mehr oder weniger geringer Deutlichkeit die gleichmäßige Zunahme der senilatrophischen Vorgänge bis ins höchste Alter zeigte. Eine zweite mögliche Fragestellung war die, ob etwa die Klasse der Langlebigen sich aus besonders groß („stattlich") gewesenen Individuen rekrutiere, die auf diese Weise schon durch ein allereinfachstes Stigma ihre Zugehörigkeit zu einer besonders lebenskräftigen „Rasse" verrieten. Träfe das zu, müßte es sich trotz aller atrophischen Prozesse doch noch in der durchschnittlichen Körperlänge der Langlebigen offenbaren.

Schlesingers tabellarischer Auszug aus den klassischen Aufstellungen *Quetelets* machte zunächst nach dieser Richtung hin nicht viel Hoffnung. Wir lassen hier seine Zahlen gleich zusammen mit denen unseres Stammaterials folgen, welch letztere wir durch Kontrollbestimmungen nach älteren Messungen *W. Müllers* ergänzten. (Den Individuenumfang jeder Gruppe fügen wir in Klammern bei.)

Durchschnittliche Körperlänge.

Klasse	1. des Stamm-materials (cm)	2. des Kontroll-materials	3. zusammen	4. Quetelet fand	
				im Alter von	mittlere Körperlänge cm
Männer:					
I	165,9 (49)	167,2 (59)	166,6 (108)	60 J.	167,6
II	165,6 (47)	163,8 (51)	164,7 (98)	70 J.	166,0
III	164,2 (38)	164,9 (24)	164,5 (62)	80 J.	163,6
				90 J.	161,0
Weiber:					
I	157,1 (49)	155,0 (55)	155,9 (104)	60 J.	157,1
II	155,3 (49)	154,4 (54)	154,8 (103)	70 J.	155,6
III	150,9 (36)	148,7 (42)	149,7 (78)	80 J.	153,4
				90 J.	151,0

Diese Zahlenkolumnen zeigen untereinander nicht unbeträchtliche Differenzen, teils wohl durch Rassenunterschiede der verglichenen Materiale (*Quetelet* untersuchte den romanischen Menschenschlag), teils aber auch durch die tatsächlich große Variabilität der Körperlänge bedingt. Um so wertvoller erscheint uns die frappante Übereinstimmung, die wir hinsichtlich des Grades der Längenabnahme in den verschiedenen Altersklassen *bei den Frauen* direkt an den absoluten Zahlen der Tabelle ablesen können und welche wieder einmal zeigt, daß ,,das Kleinerwerden der Menschen im Alter ... in den höchsten Altersstufen absolut und relativ am größten ist" (*Schlesinger*). Wir haben also im höheren Greisenalter eine besonders starke ,,Tätigkeit" der senilen Atrophie anzunehmen, die sich an *Quetelets* Zahlen auch für das *männliche* Geschlecht sofort feststellen läßt, *nicht aber an unseren*. (Wir denken dabei an Kolumne 3 als den umfänglichsten Durchschnitt.) Hier beträgt die Differenz zwischen Klasse I und II 1,9 cm, zwischen Klasse II und III aber nur 2 mm, was man ganz im Sinn unserer einleitenden Ausführungen dahin deuten könnte, daß tatsächlich die höchstaltrigen *Männer* ursprünglich besonders groß gewesen sind. Jedenfalls stellen wir trotz unseres geringen Materials diesen Befund zur Diskussion. Wir möchten noch hinzusetzen: Das noch weit über dem Durchschnitt von Klasse I stehende Höchstmaß von 170 cm und mehr kam 14 mal unter 62 Messungen an 80 jährigen Männern vor (also in 22,6%), und von diesen 14 Fällen betrafen 6 (= 42,8%) die 83 Jahre und darüber alten Greise, 3 (= 21,4%) die 85 jährigen und noch höhere Jahrgänge. Von den 78 Frauen erreichten nur 8 (= 10,3%) das etwa entsprechende Höchstmaß von 160 cm; von diesen 8 Frauen waren 3 (= 37,5%) 83—84 Jahre, keine 85 Jahre und darüber alt. Und dasselbe Höchstmaß von 170 cm und darüber fanden wir bei 98 männlichen Vertretern der nächstniederen Klasse II 23 mal, also in 23,5%, nicht öfter, während das ,,weibliche Höchstmaß" von 160 cm und darüber in derselben Stufe unter 103 Messungen 24 mal, also zu 23,3%, mithin viel häufiger als in Klasse III vertreten war.

Körpergewicht und Ernährungszustand.

Unsere Durchschnittsgewichte lassen im allgemeinen die auch schon von *Quetelet* gezeigte Gesetzmäßigkeit der Abnahme mit steigendem Alter ziemlich deutlich erkennen. Geringe Ausnahmen von dieser Regel in den beiden unteren Altersklassen mögen auf die wechselnde Beteiligung konsumierender Erkrankungen zu beziehen sein. Wir lassen unsere Zahlen aus Stammaterial und Kontrolle hier folgen und fügen auch noch einmal zum (mutatis mutandis) Vergleich *Quetelets* ,,Normalzahlen" bei.

Durchschnittliches Körpergewicht.

Klasse	Stammaterial Durchschnittsgewicht in kg	Kontrolle Durchschnittsgewicht in kg	Zusammen	*Quetelet* fand	
				im Alter von	als Durchschnittsgewicht
Männer:					
I	49,2 (49)	54,2 (58)	51,9 (107)	60 J.	62,94
II	51,1 (47)	52,9 (51)	52,0 (98)	70 J.	59,50
III	49,4 (38)	49,0 (24)	49,2 (62)	80 J.	58,80
				90 J.	57,80

(Fortsetzung.)

Klasse	Stammaterial Durchnittsgewicht in kg	Kontrolle Durchschnittsgewicht in kg	Zusammen	Quetelet fand	
				im Alter von	als Durchschnittsgewicht
Weiber:					
I	45,8 (49)	50,3 (55)	48,1 (104)	60 J.	54,30
II	46,5 (49)	42,8 (54)	44,6 (103)	70 J.	51,40
III	41,3 (36)	40,5 (42)	40,9 (78)	80 J.	49,40
				90 J.	49,30

Ernährungszustand.

Klasse	Zu gut Genährte (Fettleibige	Gut bis mittelmäßig Genährte	Magere
Männer (je 50):			
I	2%	30%	68%
II	4%	16%	80%
III	—	18%	82%
Weiber (je 50):			
I	10%	38%	52%
II	12%	30%	58%
III	2%	12%	86%

Skelettsystem.

Systematische autoptische Kontrolle des Gesamtskeletts war an unserem Material nicht vorgenommen worden; wir mußten deshalb aus verschiedenen Daten das Bild des Skelettzustandes im allgemeinsten Umriß zu konstruieren versuchen.

Die Auswertung der Notizen über die Schädelbeschaffenheit ergab mit dem Alter kontinuierlich wachsende Häufigkeit porotischer Formen. Das Schädeldach hat aber seine Sonderschicksale und gibt deshalb keinen Indicator für die Knochenverfassung überhaupt ab.

Einen weiteren Anhaltspunkt boten die Angaben über die Beschaffenheit der Rippenknorpel. Hier wollen wir eine Einteilung nach zwei gegensätzlichen Extremen vornehmen, nämlich nur die Fälle mit unverknöcherten, ganz leicht schneidbaren Rippenknorpeln und solche mit mehrfachen ausgesprochenen Knorpelverknöcherungen und entsprechender allgemeiner Thoraxstarre prozentual aufführen. Dazwischen liegen die zahlreichen Fälle von mehr oder weniger schwer schneidbaren Knorpelansätzen mit Verknöcherung des ersten Rippenknorpelpaares, welch letzteres Ereignis röntgenologische Untersuchungen (*Grödel, Köhler*) in seinen Anfängen ja schon ins dritte Lebensjahrzehnt verlegen. (Es soll die eingeklammerte Zahl die Anzahl der ausdrücklich geschilderten Befunde bezeichnen, auf die wir uns prozentual beziehen.)

Rippenknorpelbeschaffenheit.

Klasse	Durchweg leicht schneidbare Knorpel %	Ausgesprochene mehrfache Knorpelverknöcherung %
Männer und Weiber		
I (80)	28,7	17,5
II (81)	14,8	19,7
III (90)	10	51,1
Männer		
I (42)	19,1	21,4
II (43)	9,3	25,5
III (45)	8,9	46,6
Weiber		
I (38)	39,5	13,2
II (38)	21,0	13,2
III (45)	20,0	55,5

Wir wollen nur ganz allgemein auf das rapide Ansteigen höhergradiger pathologischer Rippenknorpelveränderungen in Klasse III ausdrücklich hinweisen, durch welches Ergebnis das andere nahezu erstickt wird, daß der Prozentsatz „jugendlicher" Thoraxformen sich in Klasse II und III auf fast gleicher Höhe hält. Hier sei etwas angemerkt: Wir pflegten beim Antreffen in solcher Weise intakter Brustkörbe wie auch beim Befund des unverknöcherten Kehlkopfknorpels, der gleich zur Sprache kommen soll, in eine mehr individuelle Betrachtungsart abzuschweifen, die uns aber alles in allem nicht in auffallender Weise ein Zusammengehen solcher partieller mit allgemeiner Jugendlichkeit zeigte.

Vorkommen unverknöcherter Kehlkopfknorpel. (Aus der angeführten Zahl von Angaben über den Knorpelbefund prozentual berechnet.)

Klasse	Männer und Weiber %	Männer %	Weiber %
I	12,7 (63 Ang.)	7,5 (40 Ang.)	21,7 (23 Ang.)
II	10,2 (49 Ang.)	— (33 Ang.)	31,2 (16 Ang.)
III	14,8 (81 Ang.)	2,3 (44 Ang.)	29,7 (37 Ang.)

Ein Fortschreiten seniler Vorgänge läßt sich im allgemeinen auch aus mit wachsendem Alter wachsender Häufigkeit solcher pathologischer Vorkommnisse schließen, die mit der physiologischen kontinuierlichen Verschlechterung des Knochengewebes im Senium aufs innigste zusammenhängen; wir meinen die Deviationen der Wirbelsäule in Form einigermaßen auffallender Kyphosen, Lordosen und Skoliosen und weiter die Knochenfrakturen. Wir trafen diese beiden Folgen des senilen Knochenumbaues in folgender Verteilung an:

Verkrümmungen der Wirbelsäule und Knochenfrakturen.

Klasse	Auffälligere Verkrümmungen der Wirbelsäule %	Frakturen überhaupt %	Darunter Schenkelhalsfrakturen %
Männer und Weiber (100)			
I	7	1	—
II	9	6	5
III	25	12	6
Männer (50)			
I	6	—	—
II	12	6	4
III	18	16	8
Weiber (50)			
I	8	2	—
II	6	6	6
III	32	8	4

Wir werden — damit seien diese Betrachtungen zum Schluß gebracht — durchschnittlich der Klasse III kein besseres, irgendwie „jüngeres" Knochensystem zusprechen dürfen als der nächstniederen Klasse.

Schilddrüse.

Mit der Betrachtung des Schilddrüsenverhaltens sind wir in einen Problemkreis gekommen, der die Altersforschung schon in ausgezeichnetem Maße beschäftigt hat. Wurde doch die Thyreoidea von manchen Seiten als „zentrales Altersorgan" angesprochen, oder wenigstens als solches, das mit dem Gesamtsystem der Blutdrüsen und darin dominierend das allgemeine Altern des Körpers beeinflusse. Wenn auch die — sehr schwach begründete — Theorie in dieser Form sicher nicht richtig ist, so müssen wir doch wohl *Schlesingers* vorsichtiger Auffassung beipflichten, der „die Rolle der Schilddrüse im alternden Organismus für keineswegs geklärt" hält. Sehr weitgehende Schlüsse nach dieser Richtung hin zu ziehen, halten auch wir, die wir lediglich eine Zusammenstellung gewisser grobanatomischer Verhältnisse am Organ vornahmen, uns nicht für berechtigt. Denn solche Fälle, wo, wie beim Morbus Basedowi, der klinisch wohlumgrenzten Inkretionsstörung auch makroskopisch greifbare pathologisch-anatomische Organbilder eigener Art entsprechen, stehen im System der Schilddrüsenpathologie vereinzelt da. Im allgemeinen sagt die mehr oder weniger starke kropfige Veränderung, sei es im Sinn der kolloidknotigen Entartung oder der Adenombildung, sei es im Sinn der diffusen Strumen, uns nur sehr wenig über die funktionelle Wertigkeit der Drüse. Und die ist doch für unsere Fragestellung allein entscheidend. *Von Eiselsberg* weist darauf hin, daß bei einer teilweise kropfigen Entartung der Schilddrüse durch genügende Hyperplasie der gesunden Teile ihre Funktion eine ganz normale sein kann, und *Hellwig* konnte in einem Fall höchstgradiger kropfiger Degeneration ohne Vorhandensein besonders hyperplastischer Teile keine inkretorischen Störungen beobachten, so daß „ganz geringe Teile normalen Schilddrüsengewebes zu genügen scheinen, um das Auftreten des Myxödems zu verhüten". Es sei noch das auch für unser Gesamtproblem nicht unwichtige Ergebnis der speziellen Untersuchungen *Hellwigs*, die ebenfalls am Jenaer Pathologischen Institut vorgenommen wurden, mitgeteilt, daß ,,kropfige Veränderungen nur dann zur Arteriosklerose führen, wenn sie so hochgradig sind, daß sie gleichzeitig Myxödem hervorrufen".

Zur Aufstellung von Durchschnittsgewichten mußten wir Zahlen aus älteren Protokollen *W. Müllers* benutzen, da die Wägung der Schilddrüse bei uns schon seit Jahren nur in außergewöhnlichen Fällen vorgenommen wird und das Stammaterial dieser Untersuchungen kaum Angaben über Schilddrüsengewichte aufwies. (Die Anzahl der Einzeldaten ist in Klammern beigefügt.)

Durchschnittliches Schilddrüsengewicht.

Klasse	Männer u. Weiber	Männer	Weiber
I	46,03 (116)	46,51 (56)	45,58 (60)
II	63,74 (106)	62,52 (53)	64,97 (53)
III	59,66 (94)	57,29 (38)	61,27 (56)

Wir konnten, um auf die qualitativen Veränderungen der Schilddrüse im Greisenalter einzugehen, folgende Tabelle aufstellen.

Schilddrüsenbeschaffenheit.

Klasse	Normale Größe %	Deutliche reine Atrophie %	Diffuse Kröpfe %	Nodöse Kröpfe %
Männer und Weiber (100)				
I	24	14	12	50
II	22	12	5	61
III	20	13	4	63
Männer (50)				
I	32	18	10	40
II	24	16	4	56
III	24	14	4	58
Weiber (50)				
I	16	10	14	60
II	20	8	6	66
III	16	12	4	68

Es zeigt also die Schilddrüse der Höchstaltrigen — soweit makroskopisch kontrollierbar — kein Verhalten, das ihr eine Sonderstellung zuwiese oder gar eine kausale Verknüpfung mit dem Faktum der Langlebigkeit vorzunehmen gestattete. Die Arten der Struma nodosa, die verschiedenen Metamorphosen speziell der kolloidknotigen Form wurden von uns in der Originalarbeit einer genauen Sonderbetrachtung unterzogen. Eine rapide Zunahme der Kalkknoten als einer Endform in der Entwicklung der Struma colloides nodosa in Klasse III läßt vielleicht darauf schließen, daß diese Stufe die jüngeren Stadien des pathologischen Prozesses durchlaufen hat und ihn nun zu einem gewissen Abschluß bringt; die so häufig im Verein mit Kalkknoten auftretenden Kolloidknoten und Cysten scheinen dann als frischere Nachschübe aufzufassen sein. Wir möchten noch besonders darauf hinweisen, daß der *numerischen* Zunahme im Alter auch bei vorsichtiger Beurteilung der Befunde sicher keine Abnahme des Krankheits*grades* entsprach, eher auch hier ein Ansteigen zu bemerken war. Die etwas fallende Tendenz der Gewichtskurve findet wohl ihre ungezwungenste Deutung darin, daß sich im Widerspiel von atrophischer Massenabnahme und kropfiger -zunahme die erstere durchgesetzt hat. Das Auftreten der Atrophie in besonders auffallendem Maße könnte trotzdem mit *Klöppel* bei unserer Gebirgsschilddrüse in die zweite Hälfte des siebenten Lebensjahrzehnts gesetzt werden, eine Annahme, die offenbar auch unserer Beobachtung von der stärkeren Abnahme der diffusen Kröpfe um diese Zeit entspricht.

Nebennieren.

Hier seien gleich auch einige Bemerkungen über das Verhalten der Nebennieren im Alter angeschlossen. Sie teilen mit den übrigen Drüsen innerer Sekretion den Ruhm, zur Erklärung der Seneszenz von mehreren Autoren herangezogen zu sein, während über ihre eigenen Schicksale im Senium noch die widersprechendsten Angaben existieren. Hier wird Altersatrophie festgestellt (*Delamare*, *Luschka*), dort Verschontbleiben von der senilen Involution (*Biedl*), dort (*Sabrazes*, *Hunot*, *Cruveilhier*) wieder Hypertrophie als physiologische Alterserscheinung angenommen. Wir glauben aus unseren Aufstellungen, die wir folgen lassen, und die in Gewicht und makroskopisch deutlicher hyperplastischer Veränderung (Adenombildung) nur zwei grobe Befunde am Organ heraushoben, die intimeren Schichtungsdetails aber vernachlässigten, eine Bestätigung der Meinung *Rößle*s herauslesen zu können, daß einerseits generell eine senile Atrophie nicht abzuweisen ist, andererseits ein relativ häufiges Vorkommen von (aber pathologischen) Größen- und Massenveränderungen durch Adenome und knollige Hyperplasien im Alter zugestanden werden kann.

Unsere Durchschnittszahlen sind wieder nach *Müller*schen Gewichtsbestimmungen berechnet; sie seien gleichzeitig mit den ungefähr entsprechenden Durchschnittsgewichten *Wideröes* verglichen.

Durchschnittsgewicht der Nebennieren.

Klasse	Männer u. Weiber	Männer	Weiber
I	13,43 (112)	14,68 (55)	12,05 (57)
II	11,89 (103)	11,80 (48)	11,96 (55)
III	10,96 (89)	11,62 (34)	10,57 (55)

Wideröe fand für das Alter von 61—70 Jahren 13,6 g, für das von 71 Jahren und darüber 14,0 g. —

Hyperplastische Nebennierenveränderungen (nach unserem Stammaterial).

Klasse	Männer u. Weiber (100) %	Männer (50) %	Weiber (50) %
I	11	8	14
II	10	8	12
III	8	6	10

Die Nebennniere der Höchstaltrigen zeigt also unter dem Gesichtspunkt der senilen Atrophie deren fortgeschrittenstes Stadium, hinsichtlich „pathologischer Altersveränderungen" (wenn wir die adenomatösen und ähnliche Zustände einmal so nennen wollen) kein auffälliges Verschontbleiben.

Herz.

Was zunächst die Massenverhältnisse des Herzens in den verschiedenen Klassen des Seniums angeht, so konnten wir an unserem Stammateriale im ganzen ein kontinuierliches Steigen des durchschnittlichen absoluten Herzgewichts mit dem Alter nachweisen. Kontrollrechnungen an älteren Protokollangaben *W. Müllers* bestätigten zwar diese Feststellung, zeigten aber gleichzeitig in ihren ganz anderen Zahlverhältnissen die große Variabilität des Herzgewichts.

Wir lassen in nachstehenden Tabellen die berechneten Durchschnittswerte folgen, wobei die in Klammer zugefügte Zahl die Anzahl der Einzelgewichte anzeigt.

Durchschnittsgewicht des Herzens.

(Stammaterial.)   (Kontrollwerte.)

Klasse	Männer u. Weiber g	Männer g	Weiber g	Klasse	Männer u. Weiber g	Männer g	Weiber g
I	304,89 (98)	315,50 (49)	294,38 (49)	I	321,2 (119)	337,5 (59)	305,2 (60)
II	327,25 (96)	345,93 (47)	309,32 (49)	II	323,8 (101)	361,0 (47)	291,4 (54)
III	340,69 (72)	374,60 (37)	304,85 (35)	III	324,4 (66)	352,3 (26)	306,3 (40)

Da im Rahmen unserer Betrachtungen die einzelnen Klassen gleichzeitig das Durchschnittswohl *und* -wehe, d. h. die physiologischen und pathologischen Schicksale der einzelnen Altersstufen repräsentieren, so ist selbstverständlich mit der Feststellung dieser Zahlenwerte kein Beitrag zur Frage des *physiologischen* Herzverhaltens im Alter geliefert. Dieses Problem will uns übrigens angesichts der funktionellen Einheit des Herzens mit dem Gesamtgefäßsystem und der Häufigkeit pathologischer Verhältnisse am senilen Herzen selbst und besonders am Gefäßapparat mehr logisch richtig gestellt, als empirisch lösbar erscheinen. Auch die kausale Klärung des Gewichtsanstiegs überhaupt ist nicht leicht. Es sind zu viele Faktoren im Spiel, von denen wir außer der Hypertrophie infolge irgendeines physiologischen oder krankhaften Prozesses am Zirkulationsapparat noch spezifische Gewichtsänderungen (etwa auf Grund der wie von *Rößle*, so auch von *Schlesinger* befürworteten Myofibrosis cordis) und den von *Müller* so hoch eingeschätzten Einfluß der epikardialen Fettmenge nennen wollen.

Immerhin scheint der erstgenannte Faktor eine ziemliche Rolle zu spielen; wir fanden ihn in folgender Verteilung:

Herzhypertrophien.

Klasse	Männer u. Weiber (100) %	Männer (50) %	Weiber (50) %
I	30	34	26
II	41	38	44
III	58	56	60

Diese Hypertrophien wurden in den weitaus meisten Fällen am linken Herzen oder an beiden Ventrikeln vorgefunden. Die isolierte Hypertrophie der rechten Kammerwand (geringere Grade waren wohl häufig nicht angegeben) war nur sehr selten und in dieser Seltenheit für die verschiedenen Stufen ganz uncharakteristisch vertreten.

Es ist hiernach anzunehmen, daß *Ribbert*s Behauptung zutrifft, wonach auch „am senilen Herzen noch die Möglichkeit der pathologischen Hypertrophie besteht".

Ausgesprochene Atrophie des Herzens fanden wir (wie übrigens *Schlesinger* auch) im höheren seltener als im frühen Greisenalter vermerkt. Das mag mit der „überdeckenden" Wirkung hypertrophischer Prozesse zusammenhängen.

Die Verteilung *akuter* Herzklappenentzündungen, deren Vorkommen im Gesamtgreisenalter wir auf 4,6% (*Schlesinger* auf 4%) berechneten — die ulceröse Form betraf 0,66% und charakteristischerweise (man vergleiche dazu *Schlesinger*) nur Vertreter der niedersten Greisenklasse — wird durch folgende Tabelle illustriert:

Vorkommen rezenter Endokarditiden.

Klasse	Gesamt-prozentsatz %	Darunter	
		akute %	rekurrierende %
Männer und Weiber (je 100)			
I	7	3	4
II	2	—	2
III	5	2	3
Männer (50)			
I	6	2	4
II	2	—	2
III	2	—	2
Weiber (50)			
I	8	4	4
II	2	—	2
III	8	4	4

Die Erkrankung war, wie in jüngeren Lebensperioden, an Mitral- und Aortenklappen, vorwiegend an ersteren, lokalisiert.

An die Spitze einer Untersuchung der *abgelaufenen* Klappenentzündungen im Greisenalter gehört der Hinweis auf eine Schwierigkeit, welche die Exaktheit der Resultate gefährdet und die darin besteht, daß mit fortschreitendem Alter „die Unterscheidung (der atherosklerotischen Veränderungen) gegenüber den endokarditischen Narbenbildungen schwerer wird, zumal eins mit dem anderen sich verbinden kann" (*Aschoff*). Registrieren wir also die in unseren Diagnosen als schlechthin unser „abgelaufene Endokarditis" aufgenommenen Befunde nach dem gewohnten Einteilungsmodus, so werden möglicherweise unter dieser Bezeichnung beide Krankheiten laufen. Wir können deshalb später auch auf eine zahlenmäßige Diskussion, insbesondere der „eigentlichen" Herzfehler nach ihrer endokarditischen oder atheromatösen Herkunft, wie sie *Schlesinger* vornimmt, verzichten; um so eher noch, als die ausgesprochene Insuffizienz oder Stenose auf einwandfrei rein atherosklerotischer Basis in unseren Protokollen kaum genannt wurde. Die chronische Grundlage der rezidivierenden Endokarditiden ist natürlich in die folgende Statistik mit aufgenommen.

Vorkommen abgelaufener Endokarditiden.

Klasse	Als solche diagnostizierte abgelaufene Endokarditiden (stärkere Grade) %	Aus der protokoll. Beschreibung (dazu eruierte Residuen von E. %	Darunter Verwachsungen von Aort.-Klappen %	Zusammen %
Männer und Weiber (100)				
I	19	8	6	27
II	13	13	13	26
III	18	9	6	27
Männer (50)				
I	10	12	8	22
II	8	16	16	24
III	14	14	10	28
Weiber (50)				
I	28	4	4	32
II	18	10	10	28
III	22	4	2	26

Die stärkeren Grade abgelaufener Herzklappenentzündung machten 16,6% unseres gesamten Greisenmaterials aus, während *Schlesinger* aus 1800 Autopsien 15,6% fand. Auch die Lokalisation lief mit überwiegender Beteiligung der Mitralis und dann der Aorta bis ins höchste Senium ganz in der von ihm beobachteten Gesetzmäßigkeit.

Herzfehler im engeren Sinn, bei denen der Ventilapparat z. T. weitgehende Defigurationen erfahren oder das Herz als Ganzes eindeutig und laut auf die Klappenläsion geantwortet hatte, konnten wir in folgender Verteilung notieren:

Vorkommen von „eigentlichen" Herzfehlern.

Klasse	Männer u. Weiber %	Männer %	Weiber %
I	10	4	16
II	5	2	8
III	8	4	12

Die Untersuchung der Herzklappen auf sklerotisch-atherosklerotische Veränderungen, welche wir in der Originalarbeit mit größter Genauigkeit durchzuführen trachteten, kann hier nur in einigen wenigen Punkten zur Darstellung kommen. Es genügte ja eigentlich auch schon der Hinweis auf unsere späteren Ausführungen über die Veränderungen am Gefäßsystem, denen die an den Klappen nach Grad und Ausdehnung einigermaßen parallel liefen.

Nähere Angaben fehlten häufig dann, wenn eine Endocarditis acuta oder chronica das Bild beherrschte.

Einen wenigstens ungefähren Anhalt über den Grad der Veränderung mag folgende Aufstellung vermitteln, in der unter der zweiten Kolumne der ganze Komplex der circumscripten atherosklerotischen Veränderung mit der wechselnden Beteiligung bald produktiver, bald degenerativer Prozesse, das ganze Formenbild von der mehr flächigen Fleckung bis zur deutlichen Wulstung in Rechnung gesetzt ist.

Übersicht über den Gesamtzustand der Klappen.

Klasse	Zarte unveränderte Klappen %	Sklerot. ather. Veränderungen überhaupt %	Keine Angabe %
Männer und Weiber (je 100)			
I	26	56	18
II	24	71	5
III	7	88	5
Männer (je 50)			
I	26	60	14
II	28	64	8
III	8	86	6
Weiber (je 50)			
I	26	52	22
II	20	78	2
III	6	90	4

Die Kalkablagerungen stellten in den meisten Fällen einen Ausdruck für besonders hohen Grad der Klappengesamtveränderung dar. (Die Zahlen sind prozentual auf 100 sklerotisch-atherosklerotische Veränderungen überhaupt umgerechnet.)

Übersicht über den ungefähren Grad der Klappenveränderungen.

Klasse	Diffuse Versteifung und Derbheit allein %	Gelbweißfleckung (und Versteifung) %	Kalkablagerung %
Männer und Weiber			
I	51,8	39,3	8,9
II	69,0	18,3	12,7
III	39,8	23,8	36,4
Männer			
I	50	43,2	6,8
II	75	12,5	12,5
III	32,5	37,1	30,4
Weiber			
I	53,8	34,6	11,6
II	64,2	23	12,8
III	46,7	11,1	42,2

Diese Aufstellung betrifft den ungefähren Grad der Klappenveränderungen überhaupt und zeigt deren Fortschreiten mit den Jahren. Die einzelnen Klappen waren, wie die in der Originalarbeit veröffentlichten Tabellen zeigen, von Stufe zu Stufe in steigender Anzahl und immer häufiger kombiniert befallen, und zwar in der bekannten Reihenfolge Aorten-, Mitral-, Tricuspidal- und Pulmonalklappe. Dabei waren die Veränderungen an Tricuspidal- und besonders Pulmonalklappe bis ins höchste Senium fast ausschließlich diffus-sklerotischer Natur.

Schlesingers Zahl von 38,6% (von uns nach seinen Angaben berechnet!) Myokardveränderungen entzündlicher und degenerativer Natur ist um mehr als das Doppelte höher als der Prozentsatz, den wir mit 17,8% für das — wenn schon mit Intervallen gestufte — Gesamtgreisenalter ausfindig machten; dabei faßten wir (wie er) die frischeren und die narbig abgelaufenen Prozesse unter dem neutralen Begriff ,,Veränderung" zusammen. Die einzelnen Klassen waren in dieser Weise beteiligt:

I mit 17%
II mit 14%
III mit 21%

Wir wollen nachstehend frischere und schwielig abgelaufene Myokardprozesse nach Alters- und Geschlechtsverteilung gesondert verfolgen. Am ehesten kommen in diesen Altershöhen thrombosierende Prozesse bei schwerer Atherosklerose ätiologisch in Frage. Der Möglichkeit einer Embolie aus Endokarditis im linken Herzen wird durch Hinzufügung der Prozentzahl (in Klammern!) gleichzeitig mit den Myokardveränderungen vorgefundener Endokarditiden entsprechenden Alters Rechnung getragen.

Vorkommen entzündlicher und degenerativer Myokardprozesse.

Klasse	Frischere Myokardprozesse %	Schwielig abgelaufene Myokardprozesse %
Männer und Weiber (je 100)		
I	7 (2)	10 (5)
II	3 (0)	11 (3)
III	2 (0)	19 (6)
Männer (50)		
I	4 (0)	10 (0)
II	2 (0)	12 (2)
III	2 (0)	28 (4)
Weiber (50)		
I	10 (4)	10 (10)
II	4 (0)	10 (4)
III	2 (0)	10 (8)

Ausdrücklich als interstitiell myokarditisch waren dabei bezeichnet in Klasse I und III je 1% der frischeren Prozesse. Zur Bildung älterer atherosklerotischer Herzaneurysmen hatten 4% der Klasse III geführt. Außerdem fand sich in Klasse I ein Herzaneurysma syphilitischer Herkunft.

Akute Perikarditiden fanden wir in uncharakteristischer Verteilung über alle Klassen hin. Residuen von Perikarditis in mit dem Alter steigendem Maße.

Interessant war uns, daß wir auch in der höchsten Altersklasse noch Fettdurchwachsungen des Herzmuskels feststellen konnten, ohne daß ihnen eine allgemeine Adipositas entsprochen hätte. Sie fanden sich im Gegenteil auch in Fällen ausgesprochener seniler Magerkeit, so daß wir die — wenn wir so sagen dürfen — Autonomie des subepikardialen Fettes, die *Müller* schon hervorhob, bis ins hohe Senium hinein bestätigen konnten.

Vorkommen von Fettdurchwachsungen.

Klasse	Stärkere Fettdurchwachsungen %	Geringe Grade von F. (unscharfe Grenze) %	Summa %
Männer und Weiber (je 100)			
I	7	9	16
II	9	12	21
III	9	4	13
Männer (50)			
I	—	4	4
II	10	10	20
III	8	4	12
Weiber (50)			
I	14	14	28
II	8	14	22
III	10	4	14

Das Herz der Höchstaltrigen imponierte — damit kommen wir zum Schluß — durchaus nicht als jung oder besonders intakt. Schon die enorme Höhe des Gewichts in Klasse III erlaubte gewisse Schlüsse auf den Zustand des Zirkulationsapparates ganz allgemein. Von der Beschaffenheit des Arterienbaumes wird nachher die Rede sein; am Klappensystem des Langlebigen-Herzens selbst stellten wir in einer Analyse der Atherosklerose (und Sklerose) nach Grad und Lokalisation dessen höchstgradige Veränderung fest. Hinsichtlich entzündlicher Prozesse akuter und abgelaufener Natur am Endokard sowie konsekutiver, voll ausgebildeter Herzfehler zeigte die höchste Altersklasse kein Verschontbleiben, im Gegenteil beim Vergleich mit Klasse II sogar wieder deutlichen Häufigkeitsanstieg. Parallel verhielten sich Perikard und Myokard, wenn wir akute und abgelaufene Formen jeweils zusammennehmen, was in dieser allgemeinen Schlußübersicht wohl gestattet ist.

Gefäßsystem (Arteriosklerose).

Eine systematische Darstellung der Verhältnisse des Gefäßsystems in unseren drei Klassen mußte um so lockerer erscheinen, als sie gerade für unser Spezialproblem, die Körperverfassung der Langlebigen, besonders wichtige Ergebnisse zu zeitigen versprach. Es liegt, unbeschadet der falschen Voraussetzungen, unter denen er geprägt wurde, eine tiefe Wahrheit in dem Satz von *Cazalis*, daß man das Alter seiner Arterien habe; wenn man ihn nämlich so versteht, daß das (als Wertkategorie zu betrachtende) „Alter", d. h. die biologische Leistungsfähigkeit, Wertigkeit eines Organismus zum guten Teil Funktion des (physiologischen und pathologischen) Zustandes der Gefäße sei.

Etwas anderes kam hinzu: *Schlesinger* (und er steht darin nicht allein) behauptete, „daß das schwere Atherom seltener wird, wenn man die höchsten Altersklassen durchmustert, da die an Arteriosklerose Erkrankten schon in den niedrigen Altersklassen in Wegfall gekommen sind", daß weiter „der nicht an Atherom Erkrankte Anwärter auf ein methusalemisches Alter ist".

Aber der Schwierigkeiten einer streng sachgerechten Beurteilung des Arterienzustandes aus dem Protokoll sind viele und große; auch dann noch, wenn man sich um die Abgrenzung der Atherosklerose gegen die senile Sklerose, die „Arteriopathia senilis" *L. Aschoffs*, deren scharfes Umrißbild ja auch nur eine Frucht langwieriger *mikroskopischer* Untersuchungen war, nicht kümmert. Man müßte das eigentlich exakterweise; aber hier soll uns vorwiegend die Arteriosklerose in ihren bekannten Bildformen beschäftigen, wenn auch die diffuse Sklerose bei dem Hand-in-Hand der Prozesse für die Einordnung eines Befundes in diesen oder jenen Veränderungsgrad manchmal mitbestimmend gewesen sein mag.

Doch die Arteriosklerose trotzt jeder systematischen Fassung schon deshalb, weil sie sich, scheinbar regellos, bald hier-, bald dorthin wirft und daher „nie aus der Schwere der Erkrankung eines Gefäßabschnittes oder aus dem Verschontbleiben desselben ein Rückschluß auf das anatomische Verhalten des ganzen übrigen arteriellen Systems gezogen werden darf" (*Schlesinger*). Auch die tabellarischen Übersichten über die Häufigkeit der Atherosklerose an bestimmten Stellen des Arterienbaumes, wie sie von verschiedenen Seiten aufgestellt wurden, zeigen nach demselben Autor wesentliche Unterschiede.

Nach diesen Vorbemerkungen werden wir unseren Aufstellungen, welche die Erkrankung nach Grad und Form an gewissen, herkömmlich besonders daraufhin beurteilten Orten (der Aorta, den Coronarien und den Gefäßen der Hirnbasis) zugrunde legten, nur bedingten Wert zuerkennen dürfen. Sie sollen allerdings ergänzt werden durch eine Zusammenstellung der (sicher lückenhaften) Angaben über das Verhalten des Gesamtgefäßsystems oder seines peripheren Anteils, wie wir sie hier und dort in unseren Diagnosen vorfanden.

Den Grad der arteriosklerotischen Veränderungen mußten wir manchmal (nicht oft) bei Mangel von ausdrücklichen Angaben darüber aus der Beschreibung zu eruieren suchen. Wenn wir auch mit aller Gewissenhaftigkeit zu Werke gingen, so mögen sich doch dabei Fehler eingeschlichen haben, die aber das Gesamtergebnis kaum beeinflußt haben werden. Ohnehin haben ja die üblichen Gradbezeichnungen „gering, mäßig, stark" keine scharfe Grenze.

Wir beginnen mit der Betrachtung der Aorta.

Grad der atherosklerotischen Aortenveränderung.

Klasse	Intakte Aortenintima %	Geringe bis mäßig starke atherosklerot. Veränderung %	Starke atherosklerotische Veränderung %
Männer und Weiber (100)			
I	5	83	12
II	4	73	23
III	—	40	60
Männer (50)			
I	2	74	24
II	4	72	24
III	—	36	64
Weiber (50)			
I	8	92	—
II	4	74	22
III	—	44	56

Charakteristische formale Einzelheiten begegneten uns dabei in folgender Verteilung:

Einzelheiten zur atherosklerotischen Aortenerkrankung.

Klasse	Fleckung (Wulstg.) allein %	Kalkablagerungen überhaupt %	Atheromatöse Geschwüre überhaupt %	Fleckg., Geschwürsbildung und Kalkablagerung zugleich %	Atherosklerotische Aneurysmen %
Männer und Weiber (100)					
I	70	18	12	5	1
II	46	34	20	13	1
III	31	50	39	26	3
Männer (50)					
I	66	20	22	10	—
II	40	36	26	20	2
III	42	38	26	16	4
Weiber (50)					
I	74	16	2	—	2
II	52	32	14	6	—
III	20	62	52	36	2

Die nun folgende Darstellung der arteriosklerotischen Veränderungen an den Coronarien gibt mit gutem Grunde etwas nicht, was doch zunächst von großer Wichtigkeit erscheinen könnte, nämlich Angaben über das Gefäßkaliber. Denn die Schwankungen in diesem gingen durchaus nicht dem Grad der arteriosklerotischen Veränderung parallel, wie wir weiter auch bei der Angabe „hochgradige Verengerung der Conorarien" häufig keine Zeichen für stattfindende oder stattgehabte Zirkulationsstörung des Herzmuskels fanden. Das entspricht ja auch durchaus der allgemeinen Beobachtung, daß die anatomische Grundlage z. B. des stenokardischen Symptomenkomplexes durchaus nicht immer im grob-morphologischen Zustand des Coronarienabgangs oder -verlaufs zu suchen ist. Wir glauben deshalb und weil die Angaben darüber mangelhaft waren (nur *Müller* brachte manchmal zahlenmäßig exakte Bestimmungen der Gefäßweite), auf diese Frage getrost verzichten zu können.

Die in der ersten Kolumne angefügte Zahl gibt in nachfolgender Tabelle die Anzahl der beurteilten Coronarien an.

Atherosklerotische Coronarveränderung.

Klasse	Intakte Intima %	Geringe bis mäßig starke Fleckung %	Starke Fleckung %	Kalkablagerung %	Geschwürsbildung %
Männer und Weiber					
I (89)	15,8	56,1	19,1	7,9	1,1
II (96)	10,4	37,5	29,2	21,9	1,0
III (86)	3,5	32,5	31,4	31,4	1,2
Männer					
I (46)	15,2	58,7	13,1	10,8	2,2
II (47)	12,7	36,2	29,8	19,2	2,1
III (42)	2,4	26,2	33,3	35,7	2,4
Weiber					
I (43)	16,3	53,5	25,6	4,6	—
II (49)	8,2	38,7	28,6	24,5	—
III (44)	4,5	38,7	29,5	27,3	—

Die Verkalkungen hatten hohe Grade erreicht oder gar bis zur Umwandlung der Coronarien in steinharte Röhrchen geführt:
bei Klasse I in 0%,
bei Klasse II in 12,5% (M. 10,6%; W. 14,3%) und schließlich
bei Klasse III in 13,9% (M. 16,7%; W. 11,4%).

Die Bemerkungen zur Übersicht über die Coronarsklerose behalten ihre Geltung auch für die Darstellung des Verhaltens der Hirnbasisgefäße, insonderheit der Basilaris und ihrer größeren zu- und abführenden Äste. (Wir verweisen gleichzeitig auf die spätere Abhandlung der Hirnerkrankungen im Senium.)

Atherosklerose der Hirnbasisgefäße.

Klasse	Fleckenlose Intima %	Geringe bis mäßig starke Fleckung %	Starke Fleckung %	Kalkablagerung %
Männer und Weiber				
I (53)	50,9	41,6	7,5	—
II (75)	29,3	44,0	17,4	9,3
III (77)	24,6	35,0	28,5	11,9
Männer				
I (29)	55,2	34,4	10,4	—
II (38)	18,4	55,2	18,5	7,9
III (35)	20,0	40,0	34,2	5,8
Weiber				
I (24)	45,8	50,0	4,2	—
II (37)	40,6	32,4	16,2	10,8
III (42)	28,5	31,1	23,8	16,6

Hochgradige Verkalkungen begegneten uns:
in Klasse I zu 0%,
in Klasse II zu 5,3% (M. 5,2%; W. 5,4%),
in Klasse III zu 6,2% (M. 2,9%; W. 9,5%).

Aneurysmenbildung an irgendwelchen Stellen des Gefäßsystems der Hirnbasis hatte stattgefunden:
in Klasse I bei 1,9% (M. 3,5%; W. 0%),
in Klasse II bei 1,3% (M. 2,6%; W. 0%),
in Klasse III bei 9% (M. 8,5%; W. 9,5%).

Die Daten über das Gesamtgefäßsystem (insbesondere seinen *peripheren* Anteil) und sein Verhalten zur Atherosklerose flossen, wie schon gesagt, nur spärlich, aber doch vielleicht genügend, um auch daraus ein Bild zu konstruieren, das einige Beachtung verdient.

Zustand des Gesamtgefäßsystems hinsichtlich des Grades der Atherosklerose.

Klasse	Geringe Grade %	Mäßig starke Grade %	Hohe Grade %
Männer und Weiber			
I (19)	31,5	63,2	5,3
II (41)	7,3	51,2	41,5
III (33)	3,3	33,3	63,4
Männer			
I (11)	27,3	63,6	9,1
II (23)	13,0	52,2	34,8
III (19)	5,3	26,3	68,4
Weiber			
I (8)	37,5	62,5	—
II (18)	—	50	50
III (14)	—	42,8	57,2

Wir werden die Atherosklerose gelegentlich noch einmal streifen. Hier sei zum Schluß nur auf ein pathologisches Vorkommnis eingegangen, das die Beschaffenheit der Extremitätenarterien eindringlich kennzeichnet, die „senile" Gangrän der (unteren) Gliedmaßen; ein Geschehnis, das *Schlesinger* in 2,2% seines gesamten Sektionsmaterials und uns mit 4% häufiger entgegentrat. (Der Prozentsatz der mit Diabetes komplizierten Fälle, die zunächst mitgerechnet wurden, ist besonders aufgeführt.)

Wir verweisen noch einmal auf die eingangs erörterten Schwächen unseres Begründungszusammenhanges und resumieren dann mit allen Vorbehalten kurz dahin: Von einer Seltenheit schwerer Atherosklerosen in der höchsten Altersklasse (sofern man diese vom 80. Lebensjahre ab rechnet) kann

Vorkommen von Extremitätengangrän.

Klasse	Extremitätengangrän überhaupt %	Diabetische Gangrän dabei %
Männer und Weiber (100)		
I	1	1
II	5	2
III	6	1
Männer (50)		
I	—	—
II	6	2
III	12	2
Weiber (50)		
I	2	2
II	4	2
III	—	—

keine Rede sein. Das Arteriensystem der „Langlebigen" zeigt, verglichen mit demjenigen niedrigerer Stufen des Seniums, in entsprechend erhöhtem Grade pathologische Abnutzungseffekte in Gestalt atherosklerotischer Veränderungen.

Respirationstrakt.

Von Durchschnittsgewichtsbestimmungen der Lungen sahen wir ab, weil sie bei diesem Organ, das zumal im Greisenalter so oft Sitz pathologischer Veränderungen wird, so wenig Sinn haben wie die Durchschnittsgewichtsbestimmung von Schwämmen verschiedenen Feuchtigkeitsgehaltes.

Ebenso mußten wir auf eine tabellarische Übersicht über die Häufigkeit bronchitischer, insbesondere chronisch-bronchitischer Zustände in den verschiedenen Altersklassen verzichten, da uns ein größerer Teil unserer Protokolle in diesem Punkt reichlich zurückhaltend und wenig zuverlässig erschien. Gewisse Schlüsse auf den Zustand der Bronchialwege erlaubt bei der innigen Wechselbeziehung zwischen Bronchitis und Emphysem vielleicht das bei steigendem Alter immer häufigere Vorkommen des letzteren, das wir hier zahlenmäßig belegen wollen.

Wir werden, da unsere Protokolle meistens die genauere Kennzeichnung chronischer emphysematöser Zustände als seniler oder idiopathischer vermissen ließen, hier einfach den Befund „chronisches Emphysem" nach Alters- und Geschlechtsverteilung betrachten. (Die ausdrücklich als vikariierend bezeichnete Lungenblähung hat hier natürlich keine Aufnahme gefunden.)

Vorkommen des chronischen Emphysems.

Klasse	bei Männern u. Weibern (100) %	bei Männern (50) %	bei Weibern (50) %
I	57	56	58
II	71	62	80
III	78	80	76

Nicht unerwähnt sei, daß *Schlesinger* überhaupt niedrigere Werte und beim Vergleich mit der nächstniederen Stufe von 71—75 Jahren für das Alter über 75 Jahre gar ein Absinken der Emphysemhäufigkeit feststellte. Wir berechneten nach seinen Zahlenangaben ein Heruntergehen bei Männern von etwa 48 auf 45%, bei Frauen von 52 auf 39%. Indessen bezeichnet *Schlesinger* selbst seine Zahlen als Minimalzahlen bei oft nicht verzeichnetem Lungenbefund. Wir werden also seine Statistik, die zunächst verheißungsvoll für unsere besondere Fragestellung anmutete, durch unsere Aufstellung korrigieren müssen.

Um zu den Lungenentzündungen überzugehen, so wollen wir die pneumonischen Erkrankungen, die in allen Stufen meistens im Gefolge anderer (Grund-)Leiden auftraten, in lobär-kruppöse und lobulär-bronchopneumonische Formen einteilen und unter letzteren auch die hypostatischen Pneumonien verstehen. Besonderheiten, atypische Charaktere, wie sie gerade die Greisenpneumonie in großer Fülle bietet, müsen wir in dieser Durchschnittsbetrachtung außer acht lassen.

Häufigkeit der beiden Hauptformen von Pneumonie.

Klasse	Bei Männern und Weibern (100)		Bei Männern (50)		Bei Weibern (50)	
	Lobär-croupöse Form %	Bronchopneumonische Form %	Lobär-croupöse Form %	Bronchopneumonische Form %	Lobär-croupöse Form %	Bronchopneumonische Form %
I	17	37	22	38	12	36
II	18	40	20	46	16	34
III	22	35	28	40	16	30

Unsere Zahlen für die lobäre Pneumonie sind um vieles höher als *Schlesingers* Werte (er fand unter 1800 Greisenobduktionen 91 = etwa 5% croupöser Pneumonien, wir berechneten 19% auf 300 Autopsien). Es mag sich das daraus erklären, daß wir auch die dem klassischen Bilde kaum mehr ähnlichen schlaffen Formen lobärer Entzündung dazu rechneten, die nicht ausdrücklich als hypostatisch oder (konfluiert) bronchopneumonisch diagnostiziert waren. Die schlaffe Modifikation der Pneumonie ist überhaupt als Ausdruck decrepider Allgemeinverfassung eines Kranken für uns nicht ohne Wert. Leider fanden wir in den *Müller*schen Diagnosen diese Form nicht beachtet, so daß die Zahlen, die wir hier folgen lassen, für Klasse III nur aus der Hälfte des Gesamtmaterials der Klasse gewonnen sind.

Schlaffe Pneumonie war diagnostiziert:
in Klasse I 11mal (M. 6mal; W. 5mal),
in Klasse II 13mal (M. 7mal; W. 6mal),
in Klasse III 12mal (M. 9mal; W. 3mal).

Entzündliche Erkrankungen der Pleura, durchweg als Begleitprozesse pneumonischer Erkrankungen (spezifische Pleuraveränderungen sind nicht mit einbegriffen) fanden wir in folgender Verteilung:

Pleuraaffektionen.

Form	in Klasse I	in Klasse II	in Klasse III
Serofibrin. Pleuritis	9% (M. 8%; W. 10%)	10% (M. 10%; W. 10%)	20% (M. 24%; W. 16%)
Leichte eitrig fibrinöse Pleuritis	4% (M. —%; W. 8%)	4% (M. 6%; W. 2%)	2% (M. 4%; W. —%)
Pleura-Empyem	7% (M. 8%; W. 6%)	1% (M. 2%; W. —)	— —

Bezüglich der Empyeme als der ausgeprägtesten Form von Pleuraerkrankung können wir somit die Beobachtung *Netters* (nach *Schlesinger*) stützen, daß diese Erkrankung im höheren Greisenalter auffallend selten wird.

Die Empyeme waren in Klasse I 3mal (in 4% der Männer, 2% der Frauen) mit Lungengangrän vergesellschaftet und in Klasse I 4mal (4% der Männer, 4% der Frauen), in Klasse II 1mal (2% der Männer) chronischer Natur.

Hinsichtlich abgelaufener pleuritischer Prozesse (Verwachsungen), die wir in der Originalarbeit nach Häufigkeit und Grad in den drei Klassen untersuchten, fanden wir nichts sonderlich Bemerkenswertes.

Magendarmkanal.

Wir mußten hier auf eine Darstellung des Verhaltens der einzelnen Altersstufen gegenüber der senilen Atrophie des Magendarmkanals, über die wir überhaupt nach *Aschoffs* Zeugnis so gut wie nichts wissen, verzichten. Weiter konnten wir auch nicht die Häufigkeit katarrhalischer Zustände in den verschiedenen Altersklassen verfolgen, weil uns die Unterlagen, namentlich aus *Müller*scher Zeit, in diesem Punkte nicht recht zuverlässig erschienen

Im Ulcus ventriculi liegt dagegen ein Befund vor, der wohl immer beachtet war und hinsichtlich seines Vorkommens im Senium schon mehrfach untersucht ist. *Schlesinger* wird wohl das Richtige treffen, wenn er für das Gesamtsenium ein wenig selteneres Vorkommen als für frühere Lebensperioden behauptet, wobei noch daran erinnert sein mag, daß sogar ätiologisch von manchen Seiten Zusammenhänge des Magenulcus mit der atherosklerotischen Alterserkrankung konstruiert, aber nicht unwidersprochen geblieben sind.

(In der nachfolgenden Tabelle bedeutet die hinzugeklammerte Zahl die Anzahl der als *chronisch*-florid bezeichneten Magengeschwüre.)

Vorkommen des Magenulcus.

Klasse	Floride Ulceration %	Ulcusnarben (in anderen Fällen) %
Männer und Weiber (100)		
I	6 (4)	7
II	6 (4)	11
III	3 (2)	9
Männer (50)		
I	2 (2)	2
II	8 (6)	10
III	2 —	8
Weiber (50)		
I	10 (6)	12
II	4 (2)	12
III	4 (4)	10

Diese Aufstellung zeigt kein Hinaufschnellen der Zahlen in Klasse III, wie man doch unter dem Gesichtspunkt der oben angezogenen Theorie von der atherosklerotischen Entstehung der Geschwüre vermuten könnte, im Gegenteil im ganzen ein Heruntergehen. Es dürften aber die Grundzahlen für eine Diskussion der Alters- und Geschlechtsverteilung des Befundes viel zu klein sein. Das gleiche gilt von den Zahlen, die wir für das Duodenalgeschwür ermittelten. Floride und abgeheilte Formen desselben fanden wir zusammen in 2% jeder Klasse.

Wir wollen aus dem Gesamtdarmtrakt noch die Appendix für die Betrachtung herausheben, nicht weil wir die im Volke so verbreitete spaßhafte Meinung der Nachprüfung für wert hielten, daß der Wurmfortsatz einen Einfluß auf die allgemeine Vitalität habe, seine Entfernung z. B. eine ungünstige Prognose quoad Lebensdauer erlaube, sondern weil er einen Ort erster Ordnung für pathologisches Geschehen darstellt. Wir wollen zeigen, daß auch die Langlebigen davon keine auffallende Ausnahme machen, wie übrigens *Schmorl* schon an kleinerem Material darlegte.

Vorkommen von Appendixobliterationen.

Klasse	Teilweise Obliteration %	Totale Obliteration %	Oblit. überhaupt %
I	15 (M. 10, W. 20)	17 (M. 16, W. 18)	32
II	20 (M. 20, W. 20)	22 (M. 18, W. 26)	42
III	19 (M. 24, W. 14)	14 (M. 10, W. 18)	33

Die bekanntermaßen im höheren Alter sehr seltene Appendicitis begegnete uns in Klasse I einmal in chronischer und einmal in akuter Form. Klasse II wies den Befund niemals auf, in Klasse III dagegen war einmal eine frische Appendektomie vorgenommen, wohl weil Verdacht auf Appendicitis klinisch bestanden hatte; ob der Verdacht begründet war, muß mangels Angaben dahingestellt bleiben.

Das mit dem Alter wachsend häufige Vorkommen gutartiger Tumoren im Magendarmtrakt mag durch folgende Tabelle illustriert werden, in der wir unter „Neubildungen des Magendarmkanals" hauptsächlich die (hyperplastischen) Schleimhautadenome zu verstehen haben, obwohl auch hier und dort (in allen Klassen spärlich) vorgefundene Tumoren anderer Art (Myome, Lymphangiome) in dieser Rubrik Aufnahme fanden. Daneben stellen wir eine Übersicht über das Vorkommen der Lipome im weiteren Peritonealbezirk. Außerdem soll hier auch das Vorkommen („falscher") Darmdivertikel Darstellung finden, da zwischen ihrem Auftreten und der Altersatrophie der Darmwandschichten möglicherweise Beziehungen bestehen.

Vorkommen gutart. Neubildungen und „falscher" Divertikel.

Klasse	Gutart. Neubildungen im Magendarmtrakt. %	Subperitoneale Lipome %	Falsche Divertikel %
I	9 (M. 14, W. 4)	8 (M. 6, W. 10)	—
II	22 (M. 28, W. 16)	11 (M. 12, W. 10)	8 (M. 6, W. 10)
III	27 (M. 34, W. 20)	16 (M. 14, W. 18)	7 (M. 4, W. 10)

Zu dem numerischen Ansteigen polypöser Neubildungen in Magen und Darm von Klasse zu Klasse sei noch bemerkt, daß der Befund mit wachsendem Alter auch immer häufiger multipel an den verschiedensten Darmstellen zugleich zu erheben war. Wir kommen später darauf zurück.

Bruchpforten (Hernien).

„Herniöse Vorlagerungen der Baucheingeweide werden durch Muskel- und Fettschwund, Erweiterung der Bruchpforten, Verringerung der Elastizität und Nachgiebigkeit der äußeren Decken im höheren Alter immer häufiger" (*Schlesinger*). Wir haben also im Auftreten von Bruchtaschen unter anderem *auch* einen Effekt von geweblichen Altersveränderungen und somit umgekehrt einen gewissen Indicator für die Senilität der beteiligten Gewebe zu sehen und wollen uns diesen Umstand für unser Problem zunutze machen. Wir registrieren hier einfach die Häufigkeit von Bruchtaschen in den verschiedenen Stufen des Greisenalters und unterscheiden zwischen eben angedeuteten und ausgeprägten Formen derselben. (Die Angaben über erstere waren übrigens in den Protokollen sicher lückenhaft.)

Vorkommen von Bruchtaschen.

Klasse	Angedeutete Bruchtaschen %	Tiefere Bruchtaschen und Bruchsäcke %	Mithin Bruchtaschen überhaupt %
I	12 (M. 20, W. 4)	25 (M. 26, W. 24)	37 (M. 46, W. 28)
II	15 (M. 14, W. 16)	23 (M. 34, W. 12)	38 (M. 48, W. 28)
III	7 (M. 8, W. 6)	28 (M. 30, W. 26)	35 (M. 38, W. 32)

Die nachstehende Tabelle gibt Auskunft über die Lokalisation der tieferen Bruchtaschen und voll ausgebildeten Bruchsäcke. (Die Zahlen sind immer noch auf die Individuengesamtzahl berechnet.)

Lokalisation der tieferen Bruchtaschen und Bruchsäcke.

Klasse	Inguinale Bruchtaschen %	Femorale Bruchtaschen %	Bruchtaschen anderer Lokalisation (Nabelhernien) %
I	10 (M. 14, W. 6)	12 (M. 10, W. 14)	3 (M. 2, W. 4)
II	12 (M. 20, W. 4)	10 (M. 14, W. 6)	1 (M. 0, W. 2)
III	13 (M. 18, W. 8)	12 (M. 12, W. 12)	3 (M. 0, W. 6)

(Bei dem nicht seltenen gleichzeitigen Auftreten von mehreren stärkeren Bruchanlagen verschiedener Lokalisation wurde nach der ausgeprägtesten Form rubriziert.)

Alles in allem zeigt die Klasse der Höchstaltrigen dem Vorgang der Hernienbildung gegenüber kein Verhalten, das, wenn wir einmal Altersveränderungen der beteiligten Gewebe als wichtigen Faktor für die Pathogenese der Hernien ansprechen wollen, einen „jüngeren" Zustand der Höchstaltrigen vermuten ließe.

Leber und Gallenblase.

Daß die Leber der Höchstaltrigen in hohem Maße Opfer der senilen Atrophie geworden ist, zeigte schon *Geist* an Durchschnittszahlen, die von *Schlesinger* zitiert werden und nach ihm auf bis jetzt umfangreichster Basis (96 männliche und 124 weibliche Leichen im Alter von 60—93 Jahren) berechnet sind. Wir können an größerem Material *Geists* Ergebnisse bestätigen. Seine Zahlen fügen wir zum Vergleich bei.

Klasse	Durchschnittsgewicht der Leber nach *Geist*	
	bei Männern	bei Weibern
I	1257	1220
II	1293	1052
III	825	730

Über unsere Durchschnittsbestimmungen gibt nachstehende Tabelle Auskunft. (Die Zahl der Einzeldaten ist in Klammern hinzugesetzt.)

Durchschnittsgewicht der Leber aus Stamm und Kontrolle.

Klasse	Durchschnittsgewicht der Leber aus dem Stamm material			Kontrollrechnung aus *Müller*schen Wägungen ergab:	
	bei Männern und Weibern	bei Männern	bei Weibern	bei Männern	bei Weibern
I	1287 (99)	1355 (50)	1218 (49)	1572,9 (58)	1285,6 (52)
II	1265 (93)	1328 (46)	1204 (47)	1255,5 (51)	1123,5 (53)
III	1065 (74)	1154 (38)	971 (36)	1088,3 (27)	955,3 (37)

Einen Fall *Laennec*scher atrophischer Lebercirrhose stellte nur ein weibliches Mitglied der Klasse II.

Um gleich zur Pathologie der Gallenblase im Senium überzugehen, so fanden wir Gallensteinbildung in unserem Gesamtmaterial zu 24,7%. Damit ist nicht nur ganz allgemein die Häufigkeit dieses Vorganges im Greisenalter dargetan, sondern sogar eine zahlenmäßig fast genaue Übereinstimmung mit *Naunyn* erzielt, der nach *Schlesinger* die Zahl der an Konkrementen Leidenden im Greisenalter auf 25% schätzte. Nach Altersstufen- und Geschlechtsverteilung begegneten wir Gallenkonkrementen derart:

Häufigkeit von Gallenkonkrementen.

Klasse	Männer und Weiber (100) %	Männer (50) %	Weiber (50) %
I	21	10	32
II	16	6	26
III	37	32	42

Wir werden aus diesen Verhältnissen, die wieder einmal die besondere Geschlechtsdisposition des Weibes für die Erkrankung zeigen, schwerlich Beiträge zu unserem engeren Problem herauslesen können. Die Ätiologie der Gallenkonkrementbildung ist immer noch Gegenstand unabgeschlossener wissenschaftlicher Debatte. Sehr gegen besondere Jugendlichkeit der Langlebigen spräche aber, das sei doch bemerkt, ein Schluß, der die Gallensteinbildung in kausale Abhängigkeit von chronischer Obstipation (*Schlesinger*, *Bauer*) und Enteroptose (*Bauer*) und damit von typischen Greisenbefunden bringt.

Alteration der Gallenblase wurde dabei relativ selten, und zwar in folgender Verteilung angetroffen.

Vorkommen von Gallenblasenaffektionen.

Klasse	Bei Männern (50)		Bei Weibern (50)	
	Hydrops und akute Entzündungen %	Chronische und abgelauf. Entzündungen %	Hydrops und akute Entzündungen %	Chronische und abgelauf. Entzündungen %
I	2	2	8	2
II	2	6	—	10
III	2	6	2	6

Nieren.

Das Durchschnittsgewicht der Nieren nimmt nach unseren Berechnungen, wie auch schon von verschiedenen Autoren festgestellt ist, mit wachsendem Alter bis ins höchste Senium ständig ab.

Wir lassen die Zahlen aus unserem Stammaterial für beide Nieren zusammen hier folgen, ergänzt durch Kontrolldurchschnitte aus *Müller*schen Wägungen.

Durchschnittsgewicht der Nieren.

Klasse	Stammaterial			Kontrollmaterial		
	Männer und Weiber	Männer	Weiber	Männer und Weiber	Männer	Weiber
I	247,9 (94)	266,2 (46)	230,4 (48)	235,0 (112)	262,2 (58)	205,8 (54)
II	241,3 (95)	261,5 (46)	222,5 (49)	206,5 (110)	223,3 (53)	190,8 (57)
III	211,2 (74)	236,3 (38)	184,7 (36)	178,6 (69)	199,2 (25)	166,9 (44)

Die Niere der Höchstaltrigen ist hiernach in stärkstem Maße Opfer der senilen Atrophie (oder entfernt verwandter Geschehnisse) geworden. Letztere sollen uns jetzt noch besonders beschäftigen. Wir werden wohl nicht fehlgehen, wenn wir im Greisenalter stärkeres Oberflächenrelief der Niere durchweg vasculären Veränderungen zur Last legen und eine etwaige entzündliche Basis der „Schrumpfniere" außer acht lassen, für die unser Material auch kaum Anhaltspunkte bot. Die Eruierung der arteriosklerotischen Schrumpfniere („senilen angiosklerotischen Schr." *Zieglers*) nach der protokollarischen Beschreibung machte im großen und ganzen entsprechend dem klaren makroskopischen Bild keine Schwierigkeiten. Schlimmer waren wir daran bezüglich der arteriosklerotischen Granularatrophie, die, zumal in den höchsten Stufen, als präsenile Erscheinung und dementsprechend idiopathisches Phänomen natürlich nicht mehr in Frage kommt, sondern neben der „arteriosklerotischen" eine zweite, anders lokalisierte, eben „arteriolosklerotische" Form ein und desselben arteriosklerotischen Prozesses darstellt. Es konnte ja die Lokalisation der Arteriosklerose im Alter an gerade dieser oder jener Stelle des Gefäßsystems der Niere für unsere speziellen Probleme vielleicht nicht gleichgültig sein. Deswegen glaubten wir auf diese Unterscheidung eingehen zu sollen. Aber makroskopisch werden wir die Frage schon deshalb nicht fördern können, weil in der „physiologischen" granulierten senilen Nierenatrophie ein Befund vorliegt, dessen makroskopische Sicherstellung autoptisch schon schwer ist und dessen Abgrenzung gegenüber pathologischen Granularatrophien bei der schematischen Redeweise („fein gehöckert", „stark granuliert") und diagnostischen Zurückhaltung der Protokolle gar nicht möglich war. Übrigens bietet sogar die histologische Unterscheidung anscheinend Schwierigkeiten und sicher Probleme, wie denn *Aschoff* überhaupt in Übereinstimmung mit *Jores* und *Fahr* „fließende Übergänge zwischen der arteriosklerotischen Schrumpfniere und der einfachen senilen Atrophie" annimmt.

Wir wollen nachfolgend ganz einfach zunächst die typischen arteriosklerotischen Atrophien mit mehrfachen muldenförmigen Narben, weiter die Granularatrophien im weitesten Sinn (den weitaus größten Prozentsatz wird ja wohl die granulierte Form der senilen Atrophie stellen) und schließlich die Mischformen beider nach ihrem prozentualen Vorkommen in den Altersklassen verfolgen.

Vorkommen von „Schrumpfnieren" (im weiteren Sinn.)

Klasse	Arteriosklerotische Schrumpfnieren %	Granularatrophien im weitesten Sinn %	Mischformen beider
Männer und Weiber (100)			
I	11	26	3
II	21	26	2
III	30	29	12
Männer (50)			
I	10	10	2
II	16	12	—
III	34	22	8
Weiber (50)			
I	12	42	4
II	26	40	4
III	26	36	16

Der Rest entfällt auf die glatte senile Atrophie.

Wir können auch aus diesen Erfahrungen (unbeschadet der Möglichkeit, daß in den beiden letzten Kolumnen Heterogenes unter einheitliche Gesichtspunkte gezwängt wurde) wieder in großer Summe den Schluß ziehen, daß die Niere der Höchstaltrigen den sklerotisch-atherosklerotischen Veränderungen gegenüber kein ungewöhnliches Verhalten zeigt und dadurch unsere Studien zu den Gefäßveränderungen im Senium ergänzen.

Wir fanden Pyelitis (man vergleiche auch die späteren Angaben über Prostatahypertrophie):

bei *Männern* (stets ascendierend) in
Klasse I 2%, mit entzündlicher Alteration der Niere selbst in 2%
„ II 10„ „ „ „ „ „ „ „ 10„
„ III 12„ „ „ „ „ „ „ „ 10„
bei *Frauen* in
Klasse I 4%, mit entzündlicher Alteration der Niere selbst in 2%
(hier 1 mal ascendierend aus chron. Cystitis,
1 mal nicht ascendierend bei Wanderniere)
„ II —
„ III —

Andere Nephritiden (und Nephrosen) wurden mit 4,3 und 2% mit steigendem Alter immer seltener beobachtet, was ja auch der allgemeinen Auffassung entspricht.

Von Fehlbildungen gutartiger Natur seien hier noch die Cysten und die kleinen Tumoren des Nierenparenchyms (Fibrome, Adenome) angeführt, von denen die ersteren ihrer Anlage nach angeborene Gewebsmißbildungen darstellen mögen, in ihrem Manifestwerden aber sicher mit Altersvorgängen am Gewebe zusammenhängen und so eine gewisse stigmatische Bedeutung für den Gesamtzustand des senilen Parenchyms erlangen.

Vorkommen von gutartigen Tumoren und Cysten der Nieren.

Klasse	Cysten %	Kleine Tumoren %
Männer und Weiber (100)		
I	18	7
II	20	7
III	53	16
Männer (50)		
I	20	8
II	20	8
III	52	8
Weiber (50)		
I	16	6
II	20	6
III	54	24

Männliche Sexualorgane.
Hoden.

Es scheint noch ein kleiner Rest „mythischen", wissenschaftlich nicht kontrollierten Denkens in mancher der Auffassungen anzuklingen, die Zeugung und Tod, den Ausdruck gesteigertesten Lebens und das biologische Nichts irgendwie miteinander verknüpfen, indem sie das „Alter" (hier im Sinne vitaler Wertigkeit überhaupt verstanden) zum Zustand der Generationsorgane in kausale Beziehung setzen.

Das gilt ebensowohl für den alten *Hufeland* mit seiner treuherzigen „Begründung": „Was Leben geben kann, muß auch Leben erhalten", wie von, wenn nicht den Vertretern, so doch den Nachbetern jener modernsten Theorie, die durch einen einfachen operativen Eingriff am Keimdrüsenapparat (im weitesten Sinn) sogar das Wunder der Verjüngung realisieren will.

Zwischen *Hufeland* und *Steinach* liegt (von *Hufeland* genial vorgeahnt) die ganze Entwicklung der Lehre von der inneren Sekretion, welche die unter Umständen fundamentale Bedeutung der Keimdrüsen für das Gesamtverhalten des Körpers zwingend demonstrierte und damit gewiß auch wissenschaftliche Forschungsgrundlagen und Forschungsmöglichkeiten für die Liebhaber des Altersproblems schuf. Freilich „Grundlagen", die selbst in lange nicht abgeschlossener Diskussion stehen. Noch ist ja — von vielen anderen strittigen Punkten abgesehen — nicht einmal sicher festgelegt, ob die Keimzelle selbst oder die im Keimdrüseninterstitium gelegene „Zwischenzelle"(„Pubertätsdrüse" *Steinachs*) die Trägerin der hormonalen Funktion sei. Und auf dieser schwanken Grundlage hat die Altersforschung sicher Irrtümer begangen; Irrtümer, die — wie im Fall *v. Hansemann*s, der den physiologischen Tod (und das Altern) eine „Folge der Elimination des Keimplasmas" nannte, oder im Fall *Brown-Sequard*s, der auf demselben theoretischen Boden als erster organo-therapeutische Verjüngungsexperimente betrieb, — abgesehen von allem anderen, schon in dem Prinzip der Annahme eines einzigen „zentralen Altersorgans" wurzeln, das die so komplexe Tatsache der Seneszenz regulieren soll.

Die Altersforschung könnte besser — um auf den männlichen Keimdrüsenapparat zu kommen, der bisher vorzugsweise das Interesse der einschlägigen Forschung beansprucht hat — eine schlichte und theoretisch (vorläufig!) ganz ungebundene Beobachtung weiterverfolgen, die von mehreren Autoren (u. a. *Hufeland, Lindheim*) berichtet wird, daß gerade langlebige Greise häufig noch als vollwertige, zeugungsfreudige Sexualindividuen imponierten. Ein systematischer Vergleich der verschiedenen Klassen des Greisenalters untereinander (etwa auf dem Boden einer Umfrage) könnte dann vielleicht wirklich generell eine von vornherein dauerhafter, möglicherweise auch stärker angelegte Sexualität bei den Langlebigen aufzeigen. Eine Deutung im Sinn innersekretorischer Theorie könnte dieser Befund, der zunächst nichts als eine im Verhältnis zu den Jahren erstaunliche Wohlerhaltenheit der Höchstaltrigen bedeutete, zu gegebener Zeit immer noch erfahren.

Wir werden nach Basis und Methode unserer Arbeit kaum einen nennenswerten Beitrag zu der angeschnittenen Frage beisteuern können.

Dem Verhältnis der Hodendurchschnittsgewichte in den verschiedenen Stufen (wir berechneten sie aus alten Wägungen *Müllers*) möchten wir keine größere Bedeutung beimessen, denn die Einzelwerte schwankten in allen Klassen innerhalb zu weiter Grenzen. Wir berechneten

für Klasse   I aus 60 Einzeldaten einen Durchschnitt von 40,4 g,
für Klasse II aus 51 Einzeldaten einen Durchschnitt von 36,1 g,
für Klasse III aus 44 Einzeldaten einen Durchschnitt von 37,1 g.

Entwicklungsstörungen begegneten uns nur in den beiden untersten Klassen; in Stufe I fanden wir 2% doppelseitigen Kryptorchismus, in Stufe II 4% einseitiger Hypoplasie, Mikrorchie. Dagegen handelte es sich bei allen Hoden der Klasse III um von Haus aus sicher tadellos angelegte Drüsen.

Dem makroskopischen Befund nach war das Hodenparenchym bei Klasse I (50) in 70%, bei Klasse II (50) in 72%, bei Klasse III (50) schließlich in 80% intakt. Die pathologischen Veränderungen wurden hauptsächlich durch alle

Grade der Fibrosis testis dargestellt, von der sich Klasse III also durchaus nicht frei zeigte.

Ein merkwürdiges Bild zeigte die Betrachtung der Hydrocelen und der abgelaufenen Periorchitiden in Gestalt partieller bis totaler Verwachsungen der Hodenscheidenhäute untereinander.

Vorkommen von Hydrocelen und abgelaufenen Periorchitiden.

Klasse	Hydrocele testis %	Abgelaufene Periorchitis %
I	20	6
II	30	18
III	54	18

Bei dem häufigen gleichzeitigen Mangel entzündlicher Veränderungen oder von Residuen solcher in Hoden oder Nebenhoden selbst käme für die Entstehung der Hydrocelen und der ihnen verwandten Scheidenhautverwachsungen nur das Trauma (ganz im Sinne *Kochers*) ätiologisch in Frage. Und doch scheint (das sei in Parenthese bemerkt) das (gesetzmäßige?) Ansteigen mit dem Alter, das wir beobachteten, diese Deutung in Frage zu stellen. Denn das wesentlich vom Zufall dirigierte Trauma würde schwerlich mit wachsendem Alter sich wachsend häufig einstellen.

Prostata.

Wir wollen bei Untersuchung auf Prostatahypertrophie und ihre Verteilung in den drei Altersklassen in Übereinstimmung mit *Simmonds* auch die unvergrößerten, ja sogar die (nach unseren Beobachtungen kaum vorkommenden) verkleinerten Prostaten, soweit sie Knollen enthalten, zur Gruppe der Prostatahypertrophien rechnen, weiter den seltenen Befund der gleichmäßig diffusen Drüsenvergrößerung, und schließlich auch die Adenome, deren „scharfe Abgrenzung gegen die glanduläre Form der Prostatahypertrophie nicht möglich ist" (*Simmonds*), einheitlich unter diesen Begriff einreihen. Wir werden weiter die Fälle gesondert aufführen, in denen bei deutlicher Hypertrophie der Vorsteherdrüse eine autoptisch feststellbare Alteration der Blase in Form der trabeculären Hypertrophie, der stärkeren Dilatation und der Cystitis erfolgt war, die mit einiger Sicherheit auf das Konto der Prostatahypertrophie gesetzt werden konnte.

Für die Betrachtung der Gewichtsverhältnisse mußten wir wieder ältere, nicht zum Stammaterial gehörige Bestimmungen *W. Müllers* heranziehen. Wir stellen den so berechneten die entsprechenden (aber nach Jahrzehnten gestuften) Durchschnittsgewichte von *Simmonds* zur Seite.

Prostatadurchschnittsgewichte.

Wir fanden für	*Simmonds*
Klasse I (54) 28,4 g	23
Klasse II (44) 36,0 g	40
Klasse III (29) 45,1 g	—

Es sei noch angemerkt, daß wir in Klasse I und II in je 4% eine Atrophie des Organs angegeben fanden, deren Vorkommen ja, wie es früher schon von *Rössle* vertreten wurde, neuerdings auch von *Simmonds* zugegeben wird.

Altersverteilung der Prostatahypertrophie.

Klasse (je 50)	Hypertrophien (meistens knolliger Natur) überhaupt %	Mit gleichzeitiger Störung der Blasenfunktion %
I	44	38
II	74	50
III	74	46

Diese Zahlen differieren stark mit den in der Altersstufung ungefähr entsprechenden von *Schlesinger* angegebenen (8,3%; 21,4%; 23,1%) und angezogenen (*v. Burchhardt*: 56%; 50%; 54%), und zwar sind sie, wohl weil dort der Begriff der Prostatahypertrophie enger gefaßt wurde, bei uns höher. Aber eines zeigen jene wie unsere Tabellen: daß auch die Höchstaltrigen von diesem ausgesprochenen Greisenleiden ebenso gefährdet sind wie die niedrigeren Altersstufen.

Weibliche Genitalorgane.
Ovarien.

Die Theorien, die Alter und Tod mit Zustand und Funktion der Keimdrüsen in Zusammenhang bringen, gehen natürlich auch auf das Ovarium. Aber hier liegen die Verhältnisse womöglich noch komplizierter als beim Hoden, obwohl (oder gerade weil) in der Menopause ein Geschehnis vorliegt, das irgendwie mit dem Altersprozeß zu tun hat, jedenfalls den Abschluß weiblicher Blütezeit bedeutet. Vielleicht helfen auch hier Untersuchungen über den Zeitpunkt des Eintritts des Klimakteriums im individuellen Lebensablauf Höchstaltriger weiter.

Zunächst bedeutet Menopause weiter nichts als Aufhören der generativen Ovarialfunktion, der Follikelbildung. Wie weit neben der produktiven noch eine selbständige, an eigene anatomische Elemente geknüpfte inkretorische Tätigkeit der Drüse spielt, ist vorläufig noch dunkel. *Steinach* will auch hier durch Beeinflussung der Thecaluteinzellen, seiner „weiblichen Pubertätsdrüse", verjüngende Wirkung erzielt haben, noch dazu in solchem Ausmaß, daß alte, unfruchtbare Rattenweibchen zu neuer Fruchtbarkeit gediehen und das Generationsgeschäft mit tadellosem Erfolge noch einmal aufnahmen. Freilich sind das Tierversuche; Anzeichen einer gewissen Verjüngung nach Behandlung der Ovarien liegen nach *Steinach* aber auch für den Menschen vor.

Wir werden im höheren Alter den Durchschnittszahlen vielleicht schon eher Bedeutung beimessen können als in jüngeren Perioden, wenn auch selbst hier noch ziemlich starke Schwankungen der Einzelgewichte bemerkbar waren und auch hier noch das Mißverhältnis zwischen reiner Masse und Stärke der (einmal zugestandenen innersekretorischen) Funktion möglich ist, wie es *Rössle* für frühere Lebensstadien hervorhebt.

Auch hier mußte wieder einmal den Stammprotokollen fremdes Zahlenmaterial *W. Müllers* einspringen.

Wir fanden im Durchschnitt für

Klasse I (49 Wägungen) 4,08 g,
Klasse II (50 Wägungen) 3,69 g,
Klasse III (48 Wägungen) 3,45 g,

mithin fortschreitenden atrophischen Gewichtsschwund, dessen von Stufe zu Stufe verschiedenes Ausmaß wir wohl nicht ernstlich diskutieren können. Übrigens entsprach auch der Vergleich der vagen Angaben über Vorkommen und Stand der Atrophie in unserem Stammaterial, soweit sich das schätzen läßt, durchaus einer kontinuierlich weiterschreitenden senilen Atrophie.

Auffällig war uns die mit dem Alter wachsende Häufigkeit pathologischer Cystenbildung am Eierstock (unter Ausschluß von Tuboovarialcysten). Möglicherweise zeigt dieser Befund, der in Klasse I zu 16, in Klasse II zu 12 und in Klasse III zu 28% meistens einseitig zu erheben war, wieder einmal die gewebsdissoziierende Wirkung des Alters an. In 10 bzw. 6 bzw. 10% hatten die Cysten allerdings nach der Schilderung recht beträchtliche Größe erlangt und das Organ mehr oder weniger stark verändert. Indikation zum operativen Eingriff war aber nur in Klasse I (in 4%) vorhanden gewesen. Klasse II und III zeigten überhaupt keine operativen Defekte irgendwelcher Art am Genitale, während in Klasse I zwei alte Total- und eine einseitige Adnexexstirpation ohne noch ersichtliche Gründe vorgenommen war. Doch das mag für unsere Fragen belanglos sein.

Uterus.

Wir wollen von den übrigen Teilen des weiblichen Sexualapparates nur den Uterus auf pathologische Veränderungen hin untersuchen.

Entwicklungsstörungen zeigten sich an diesem Organ nur in Klasse I und II; in jener zu 2% in Form eines Uterus septus, in dieser zu 4% einmal als Uterus unicornis, einmal als Uterus bicornis.

Weiter sei ein kurzer Blick auf solche Ereignisse geworfen, die, wie Atresien des Cervixkanals und Cystenbildungen der Uterusmucosa, Zusammenhang mit den altersatrophischen Vorgängen an der Gebärmutterschleimhaut haben können.

Vorkommen pathologischer Alterszeichen am Uterus.

Klasse	Obliterationen des Cervicalkanals %	Ausgedehnte Cystenbildung der Uterusschleimhaut %
I	8	8
II	4	10
III	14	8

Auskunft über die Altersverteilung gutartiger Tumoren, die generell später besprochen werden sollen, am Uterus gibt folgende Tabelle:

Vorkommen gutartiger Geschwülste am Uterus.

Klasse	Schleimhautpolypen an Cervix und Uterus %	Uterus-Myome. %
I	12	12
II	28	20
III	20	22

Alles in allem — damit wollen wir schließen — zeigte der weibliche Sexualapparat in der Klasse der Höchstaltrigen keine für unsere engeren Interessen bedeutsamen makroskopischen Sondercharaktere.

Milz.

Schon *Geist* zeigte durch Gewichtsbestimmungen an (wohl pathologisch nicht veränderten) Greisenmilzen die höchstgradige Atrophie, die das Organ bei Höchstaltrigen erlitten hat. Wir fügen seine Zahlen (zitiert nach *Schlesinger*) den unseren zum Vergleich bei.

Durchschnittsgewicht der Milz.

Klasse	Nach unserem Stammaterial		*Geist* berechnete	
	Männer	Weiber	Männer	Weiber
I	140,5 (49)	133,7 (49)	139,48	140,09
II	153,4 (47)	131,6 (48)	97,46	112,08
III	133,9 (38)	90,7 (36)	92,59	81,62

Wir sehen an unseren Zahlen für Klasse III ebenfalls deutlich die Wirkung der fortgeschrittenen senilen Involution, die auch durch pathologische, in gewichtserhöhendem Sinn wirkende Vorgänge (Stauung, septische Schwellung) in dieser Altersstufe nicht mehr verschleiert werden kann. Auch das Bild, das wir uns auf Grund der protokollarischen Beschreibung von der Milz der Höchstaltrigen machen konnten, wies im Vergleich mit niederen Stufen in stärkstem Maße die anatomischen Züge des altersatrophischen Organs (Vortreten des Trabekelsystems, Verschwinden der Malpighischen Körperchen) auf. Wir wollen, da die Sprache der Durchschnittsgewichte beredt genug ist und wir andernorts reichlich Zeugnisse für den hohen Grad der senilen Involution im Langlebigen-Organismus überhaupt beigebracht haben, auf eine eingehende statistische Übersicht über die Häufigkeit dieser Kennzeichen verzichten.

Die Reaktionsfähigkeit auf Blutinfektion hin ist nach *Rössle* bei der altersatrophischen Milz stark herabgesetzt. Wir konnten, was den jeweiligen Grad der vorgefundenen infektiösen Milzerweichung anging, beim Vergleich unserer drei Klassen jedenfalls nach der Schilderung der Sektionsberichte keine auffallende Reaktionsmüdigkeit, — Trägheit der Milz bei den Höchstaltrigen oder in einem anderen Altersabschnitt, feststellen. Möglich, daß das an einer gewissen Einförmigkeit des protokollarischen Sprachgebrauchs liegt.

Ein sehr auffälliges Ausbleiben toxischer Milzerweichung in einer der drei Stufen zeigt auch die nachstehende einfache häufigkeitstabellarische Übersicht (besonders nach Geschlechtertrennung) nicht. Wir möchten aber dieser Durchschnittsaufstellung für unser Problem keinen großen Wert beilegen, weil die nur von Fall zu Fall und schwer zu entscheidende Frage, ob Blutinfektion vorlag oder möglich war, eben individuelle Betrachtungsweisen erfordert. Beiläufig sei gesagt, daß wir allerdings in unseren Protokollen gerade in Klasse III einige Male Milzschwellung da nicht antrafen, wo sie der Grundkrankheit nach zu erwarten gewesen wäre.

Vorkommen infektiöser Erweichungen (aller Grade).

Klasse	Männer und Weiber (je 100) %	Männer (je 50) %	Weiber (je 50) %
I	52	44	60
II	42	50	34
III	40	36	44

Gehirn.

Unsere Durchschnittsgewichte, die deutlich ein Fortschreiten der senilen Atrophie bis ins höchste Senium zeigen, haben nur den Fehler, bei starker individueller Gewichtsvariabilität des Gehirns aus, besonders was die wichtigste Klasse III angeht, zu geringem Zahlenmaterial berechnet zu sein. Die *Müller*schen Zahlen konnten wir nicht benutzen, da sie als Resultat umständlicher Wäge- und Rechenmethoden dastanden, deren Bedeutung uns unklar blieb.

Durchschnittsgewicht des Gehirns.

Klasse	Männer g	Weiber g
I	1384 (32)	1229 (26)
II	1318 (37)	1170 (36)
III	1268 (21)	1104 (19)

Die in den Protokollen oft angemerkte Erweiterung der Ventrikel möchten wir als unexakt geschätzten Befund nicht für die Beurteilung der senilen Involution des Gehirns verwerten.

Das klinische Krankheitsbild der Greisendemenz hat die einfache senile Hirnatrophie zum organischen Korrelat, ist aber umgekehrt keine ständige Begleiterscheinung der letzteren und deshalb ein schlechter Indicator für den numerischen Umfang derselben überhaupt. Immerhin zeigt nachstehende Aufstellung im ganzen mit wachsendem Alter wachsende Häufigkeit funktionell untüchtig gewordener seniler Gehirne. Wir fanden *senile Demenz* vermerkt:

in Klasse I zu 3% (M. 0%; W. 6%),
in Klasse II zu 13% (M. 8%; W. 18%),
in Klasse III zu 16% (M. 20%; W. 12%).

Dabei sind die Zahlen für die höchste Stufe als Minimalzahlen aufzufassen, weil in diese Klasse in *Müller*scher Zeit einzelnes außerklinisches und auswärtiges Material einging, bei dem klinische Diagnosen fehlen.

Hier sei gleich eine Übersicht über die atherosklerotischen Hirnerkrankungen angeschlossen, soweit sie zu Geistesstörungen, Krankheitsbildern von psychiatrischer Relevanz, geführt hatten.

Vorkommen von Atherosclerosis cerebri und postapoplektischer Demenz.

Klasse	Männer und Weiber (je 100) %	Männer (je 50) %	Weiber (je 50) %
I	3	4	2
II	1	—	2
III	2	—	4

Wir wollen weiterhin den Befund des apoplektischen Traumas *jedweden Grades*, wie er in Gestalt jüngerer Erweichungen und Hämorrhagien sowie alter Narben und Cysten durch die Hirnsektion aufgedeckt wurde, in seiner Häufigkeit durch das Senium hindurch verfolgen. Auf die Frage, wie oft durch solche Prozesse funktionelle Läsion gesetzt war, brauchen wir dabei prinzipiell nicht einzugehen. Wir fanden (gleich nach Geschlechtsverteilung besehen und auf je 100 Hirnsektionen umgerechnet, wobei die Zahl der autoptisch beurteilten Gehirne in Klammern hinzugesetzt ist) folgende Werte:

Vorkommen apoplektischer Hirnläsionen

Klasse	Anzeichen apoplektischer Insulte überhaupt %	Dabei frischere Läsionen %
Männer		
I (32)	6,2	3,1
II (39)	15,3	7,6
III (35)	17,1	—
Weiber		
I (28)	7,1	3,5
II (37)	16,2	10,8
III (42)	26,2	16,7

Wir sehen auch hier wieder ein Ansteigen solcher Vorfälle mit wachsendem Senium, das nach allem Bisherigen schon zu vermuten war.

Anhang.
Geisteskrankheiten.

Geistige Erkrankungen (außer atherosklerotisch bedingten) fanden wir in folgender Alters- und Geschlechtsverteilung:

in Klasse I bei M: 4% progressive Paralyse,
„ „ „ W: 4% zirkuläre Psychosen
„ „ II „ M: 2% progressive Paralyse,
4% Imbezillität
„ W: 2% zirkuläre Psychosen
2% Paranoia;
„ „ III „ M: —,
„ W: —.

Es ist vielleicht kein Zufall, daß in Klasse III „eigentliche" geistige Erkrankungen konstitutionellen Charakters (Paranoia, zirkuläres Irresein) nicht mehr zur Beobachtung kamen.

Dagegen war (das kann hier auch Platz finden) in dieser Stufe einmal, bei einer Frau, Paralysis agitans klinisch diagnostiziert.

Lues.

Die Ermittlung luetischer Erkrankungen in unserem Material begannen wir mit der stillschweigenden Voraussetzung, daß wir in Stufe III wohl kaum einen Fall von Syphilis eruieren würden. Indessen täuschten wir uns, wie nachstehende Tabelle zeigt, welche dabei die ganz unsicheren Diagnosen, denen wir in einigen *Müller*schen Fällen begegneten, außer acht läßt.

Vorkommen von Zeichen syphilitischer Erkrankung.

Klasse	Männer und Weiber (100) %	Männer (50) %	Weiber (50) %
I	6	8	4
II	3	4	2
III	4	2	6

Die Fälle der Klassen I und II boten klassische Bilder luetischer Organveränderung (Mesaortitis luetica; gummöse Hirn- und Leberveränderungen). Ein Teil von ihnen hatte außerdem klinisch die Symptome der Tabes oder der progressiven Paralyse geboten. Von den 4 Fällen unter den Langlebigen waren 2, ein ulceriertes Stirnbeingumma und eine chronische syphilitische Pneumonie, bei gleichzeitiger Häufung sonstiger Anzeichen für Syphilis, aus der Schilderung als zweifellos luetisch erkennbar. Die 2 anderen Fälle von Lues betrafen Veränderungen der Aorta, die nach Beschreibung und Befundzusammenhang als wahrscheinlich luetisch angesprochen werden konnten.

Hufeland, der in seiner Makrobiotik der venerischen Erkrankung eine Vorzugsstellung unter den „Verkürzungsmitteln des Lebens" zuweist, wird, wenn auch eine eiserne Konstitution diesen oder jenen Luetiker das biblische Alter erreichen läßt, im allgemeinen recht behalten. Eine große Anzahl Erkrankter scheint schon vor dem Eintritt ins Greisenalter ausgemerzt zu werden, wie denn auch erfahrene Obduzenten für die mittleren Lebensjahrzehnte im großen Durchschnitt 10% des Sektionsmaterials für luetisch halten.

Tuberkulose.

Schlesinger gibt in seinem Werk reiches statistisches Material zur Tuberkulosemorbidität und (naturgemäß zuverlässigeres) zur Mortalität, aus dem eines mit Sicherheit hervorgeht: daß diese Krankheit im Gesamtsenium nicht die geringe Rolle spielt, die man ihr früher dafür zugewiesen hat.

Mögen hinsichtlich der Altersverteilung innerhalb des Seniums auch nicht alle von *Schlesinger* wiedergegebenen Tabellen mit *Cornet* die Zahl der (wohl klinisch ernsthaft) Kranken und Gestorbenen bis zum 70. Lebensjahre steigen lassen und somit den Höhepunkt der Tuberkulosesterblichkeit in die unterste

Stufe des Greisenalters verlegen, so zeigen sie doch für die beiden obersten Klassen und zumal die höchste Stufe des Seniums in beachtenswerter Übereinstimmung ein sehr seltenes Vorkommen tödlicher tuberkulöser Erkrankung. Wir werden an Hand unseres Obduktionsmaterials dieses Ergebnis stützen können. Eine Besonderheit der Höchstaltrigen ist damit sicher aufgedeckt. Ob freilich das glückliche Ergebnis der Auseinandersetzung mit der tuberkulösen Infektion (die im Lauf des langen Lebens sicher einmal stattgefunden hat, wie die bei den Höchstaltrigen nach allgemeinem Urteil nicht seltener als in niederen Altern anzutreffenden Befunde ausgeheilter tuberkulöser Herde zeigen) in zufälligen Momenten des Lebensmilieus, im zum Teil auch zufälligen Spiel „konditioneller" Faktoren gründet, oder ob von hier aus direkte Wege ins konstitutionell-gesetzliche Wesen der Langlebigen führen, das wagen wir nicht zu entscheiden. Schon über den Zeitpunkt der Infektion und ihr Zusammentreffen mit etwaigen alters-dispositionellen Reaktionsunterschieden des Organismus ist autoptisch wenig oder nichts auszumachen.

Um in die Darstellung unserer Ergebnisse einzutreten, so untersuchten wir unser Material zunächst auf abgelaufene tuberkulöse Prozesse hin, wie sie in Gestalt von schiefrigen Lungennarben, Kalk- und Kreide-, sowie (äußerst selten) isolierten abgekapselten kleinen Käseherden in Lunge und Lymphknoten vertreten waren. Auf Vollständigkeit wird diese Rubrik natürlich keinen Anspruch erheben können.

Des weiteren fahndeten wir nach aktiven tuberkulösen Erkrankungen geringer Ausdehnung, latent floriden Prozessen, welche die tödliche Katastrophe sicher nicht herbeigeführt hatten, und schließlich auf ausgedehnte, „letale" Formen, die als Todesursachen in Frage kamen, wennschon manchmal unmittelbar eine gleichzeitige andere Erkrankung (auch Krebs!) als solche imponierte.

Altersverteilung der Tuberkulose nach ihrem Grad.

Klasse	Abgelaufene tuberk. Formen %	Latent floride Formen %	Letale Formen %
Männer und Weiber (100)			
I	30	4	13
II	55	5	6
III	49	2	2
Männer (50)			
I	24	4	16
II	54	6	8
III	50	2	—
Weiber (50)			
I	36	4	10
II	56	4	4
III	48	2	4

Bei den letalen Tuberkulosen waren der *Hauptsitz* der Erkrankung (diese und die weiter folgenden Befunde immer noch in Prozent der Gesamtobduktionen ausgedrückt)

in Klasse I
    die Lungen in 6% (M. 10%; W. 2%),
    die Peritonealhöhle in 3% (M. —%; W. 6%),
    der Urogenitaltrakt in 1% (M. 2%; W. —%),
    die Knochen in 3% (M. 4%; W. 2%);
in Klasse II
    die Lungen in 3% (M. 6%; W. —%),
    der Urogenitaltrakt in 1% (M. 2%; W. —%),
    die Lymphknoten an Hilus und Hals in 2% (M. —%; W. 4%);
in Klasse III
    die Lungen in 1% (M. —%; W. 2%),
    die Peritonealhöhle in 1% (M. —%; W. 2%).

Ein anschauliches Bild von Ausdehnung und Grad der „tödlichen" Tuberkulose in den verschiedenen Klassen vermittelt vielleicht noch eine Übersicht über ihre *Lokalisation überhaupt*, wie wir sie hier folgen lassen wollen. Dabei sind ganz vereinzelt angesiedelte Tuberkel nicht gerechnet. Es waren also in *nennenswerter* Weise tuberkulös affiziert:

	in Klasse I	in Klasse II	in Klasse III
die Lungen	11% M. 14%; W. 8%	3% M. 6%; W. —%	1% M. —%; W. 2%
die Pleura	4% M. 6%; W. 2%	1% M. 2%; W. —%	— —
das Perikard	— —	1% M. 2%; W. —%	— —
Kehlkopf u. ob. Trachea	2% M. 4%; W. —%	1% M. 2%; W. —%	— —
das Periton (u. z. T. intrap. Organe)	3% M. —%; W. 6%	1% M. —%; W. 2%	1% M. —%; W. 2%
die Darmschleimhaut	4% M. 4%; W. 4%	2% M. 2%: W. 2%	1% M. —%; W. 2%
der Urogen.-Tract	2% M. 4%; W. —%	1% M. 2%; W. —%	— —
das Knochensystem	3% M. 4%; W. 2%	— —	— —
die Lymphknoten an Hilus u. Hals (isoliert)	— —	2% M. —%; W. 4%	— —

Wir können nach unseren Beobachtungen zwar im allgemeinen *Schlesingers* Satz stützen, daß die Chronizität ein Hauptmerkmal der Greisentuberkulose sei (floride Phthisen im Sinne einer allgemeinen käsigen Pneumonie trafen wir überhaupt nicht an und die latent floriden Formen waren durchweg Musterbeispiele fibrös-indurierender Lungentuberkulose), indessen begegneten wir bei den letalen Tuberkulosen auch akuteren Formen (auf dem Boden einer miliaren Aussaat) ziemlich häufig.

Gutartige Tumoren. (Fehlbildungen.)

Wir hatten öfter (anläßlich der Besprechung einzelner Organe) im Lauf dieser Untersuchungen Gelegenheit, das Verhalten der gutartigen Tumoren (wozu wir auch die verwandten „Hyperplasien" wie Kropfknoten, Prostatahypertrophien und ähnliche Bildungen rechnen wollen) im Senium zu beobachten und können jetzt noch einmal zusammenfassend darauf zurückkommen.

Wir fanden im großen und ganzen ein Häufigerwerden von benignen Tumoren aller Art und Lokalisation bis ins höchste Senium, sicherlich hier kein Zurückbleiben hinter der nächstniederen Altersstufe und werden diese offenbare Lockerung der Disziplin im Zellularverband der Altersinvolution zur Last legen dürfen, welche anscheinend bei den meisten Menschen vorhandene Tendenzen zur Geschwulstbildung aktiviert. Das Auftreten multipler gutartiger Tumoren hat schon häufig Beachtung gefunden. In jüngerer Zeit hat *Rössle* noch einmal, und zwar vom höheren Standpunkt des Konstitutionsforschers aus, diese Verhältnisse erörtert und ihre wahrscheinlichen mechanischen Grundlagen in allgemeinen Bindegewebsbesonderheiten gesucht, zu denen auch der Nachlaß des Bindegewebes im Alter gehört. Jedenfalls erlauben unsere Befunde, die übrigens nur Stichproben aus dem angetroffenen Formenreichtum benigner Geschwulstbildungen darstellen, Rückschlüsse auf weitestgehende Gewebssenilität bei den Langlebigen. Kriterien für fortgeschrittene Bindegewebsrelaxation brachten auch die Untersuchungen über pathologische Cystenbildung und Ausbildung „falscher" Divertikel. Es sei zudem auf die oben mitgeteilte Tabelle über die Häufigkeit herniöser Zustände verwiesen.

Es wäre auch falsch, wenn man in naheliegender Weise die Langlebigen zu ursprünglich auffallend fehlerfreien Meisterstücken der Natur stempeln wollte. Jene wohlbekannten, bereits kongenital manifesten gröberen Irrungen, die z. T. vielleicht auf fötale Wirksamkeit konstitutioneller Bindegewebsanomalien zurückgehen (*Rössle*), wie abnorme Lappungen und Kerben intestinaler Organe, abnorme Sehnenfäden der Ventrikel, Fensterung der Klappen des Herzens und ähnliche Bildungen, fanden sich in allen Stufen ungefähr gleich häufig. Sogar ausgesprochene Mißbildungen (totale Aplasie einer Niere, Hufeisenniere usw.) wurden in Klasse III durchaus nicht vermißt.

Bösartige Tumoren.

Die Frage nach dem Verhalten der verschiedenen Klassen des Seniums gegenüber der Krebskrankheit erfordert bei der eminenten Wichtigkeit dieses Problems einige kurze Vorbemerkungen zur darüber vorliegenden Statistik überhaupt und zu den Grundlagen unserer Aufstellungen im besonderen.

Wolffs große Krebsmonographie zitiert widersprechende Angaben über diesen Punkt. Nach einigen Autoren (*Kolb*, *Dollinger*) nimmt die Krebssterblichkeit mit dem Alter zu, wobei nur im höchsten Alter (über 70—75 Jahre) ein Absinken konstatierbar sein soll (indessen wird das immer mit einer gewissen Reserve gesagt); nach anderen Erhebungen ist die Krebssterblichkeit zwischen dem 55.—65. Lebensjahr am größten (*Kiaer*), um dann ziemlich rasch abzunehmen. Die zugrunde liegenden statistischen Methoden sind unterschiedlicher Art: Einmal wird die absolute Zahl der Todesfälle durch Carcinom in jeder Altersklasse einer großen Gesamtzahl Lebender ermittelt, dann wieder werden einfach die Krebssterbefälle nach Altersstufen in Form absoluter Zahlen rubriziert.

Kolb weist mit Recht darauf hin, daß „absolute Zahlen der Altersverteilung des Krebses natürlich keinen Maßstab für die *Disposition* zur Erkrankung in den einzelnen Altersstufen" geben, „da die Zahl der Individuen in den höheren Altern rasch abnimmt und die Disposition nur dadurch bestimmt werden kann, daß man die Zahl der Erkrankungen in den einzelnen Altersstufen auf die gleiche Individuenzahl berechnet".

Wir müssen hier leider einen anderen, für das Problem der Altersdisposition wieder nicht zur glatten Lösung führenden Weg beschreiten: Es wird die Zahl von pathologisch-anatomisch diagnostizierten Krebsen in jeder Stufe prozentuell auf die jeweils gleiche Grundzahl von *Obduktionen* aus jeder Altersklasse bezogen. Dabei hat allerdings das Sektionsmaterial des Jenaer Instituts, was Klasse III angeht, die aber eben im Mittelpunkt unseres Interesses steht, während die Krebsverhältnisse in den nächstniederen Altersstufen relativ bekannter sind, vielleicht den Vorzug, einigermaßen getreu die wirklichen durchschnittlichen Erkrankungsverhältnisse wiederzuspiegeln. Denn *Müller*, der „fanatische Prosektor", wie Prof. *Rössle* ihn gelegentlich nannte, hat durch unermüdliches Zureden der einheimischen Bevölkerung die Scheu vor der Sektion genommen und zumal so leicht keinen Höchstaltrigen der autoptischen Kontrolle entgehen lassen. Man darf schätzen, daß seiner Zeit 70—90% aller im Jenaer Bezirk Gestorbenen der Obduktion unterzogen wurden und auch heute ist *Müllers* „erzieherische" Tätigkeit noch deutlich zu spüren.

Wir wollen in der folgenden Aufstellung zunächst das Vorkommen maligner Tumoren überhaupt in den einzelnen Altersklassen, ferner den Anteil betrachten, den Carcinome und Sarkome dabei haben. Das seinem zellulären Wesen nach nicht bösartige, reine Gliom rechnen wir seiner aus der Lokalisation resultierenden Bösartigkeit wegen auch hierher. (Die als Tumor unbekannter Herkunft rubrizierte Geschwulst war ein fragliches Plasmocytom der Orbita.)

Vorkommen von malignen Tumoren.

Klasse	Maligne Tumoren überhaupt %	Carcinome %	Sarkome (u. Gliosarkome) %	Reine Gliome %	(Seltene) Tumoren unbek. Herkunft %
I	42 (M. 54, W. 30)	37 (M. 46, W. 28)	4 (M. 6, W. 2)	1 (M. 2, W. —)	— —
II	30 (M. 34, W. 26)	29 (M. 32, W. 26)	— —	— —	1 (M. 2, W. —)
III	12 (M. 14, W. 10)	10 (M. 12, W. 8)	2 (M. 2, W. 2)	— —	— —

Die Anzahl der Metastasenbildner unter den *Carcinomen*, welch letztere uns jetzt genauer beschäftigen sollen, verzeichnet nachstehende Aufstellung, deren Zahlen wie die der späteren Tabellen immer noch auf die Gesamtzahl unserer Materialfälle prozentual bezogen sind.

Vorkommen metastasenbildender Carcinome.

Klasse	Männer und Weiber (100) %	Männer (50) %	Weiber (50) %
I	18	22	14
II	13	12	14
III	6	6	6

Über den Ausgangspunkt des Krebses (auch hier ist noch einmal die Zahl der Metastasenbildner in Klammern hinzugesetzt) geben folgende Darstellungen Auskunft.

Ausgangspunkt der Krebse.

Sitz des primären Krebses	bei Männern und Weiber (100)		
	in Klasse I %	in Klasse II %	in Klasse III %
Magen	13 (6)	5 (4)	—
Darmkanal	2 (2)	9 (2)	1 (1)
Weibliches Genitale	1 (1)	—	1 (1)
Speiseröhre	6 (1)	1 (1)	—
Gallenwege	2 (2)	3 (1)	—
Prostata	1 (1)	—	1 (1)
Harnblase	—	1 (1)	—
Nieren	1 (1)	1 (1)	2 (1)
Lungen (Bronchien)	1 (1)	1 (1)	1 (1)
Pharynx u. Tonsillen	2 (1)	1 (-)	—
Kehlkopf	2 (-)	1 (-)	—
Mamma	1 (Rezid.)	2 (1)	2 (1)
Haut	1 (-)	—	—
Kiefer	1 (-)	—	—
Lippe	1 (1)	1 (-)	—
Zunge	1 (1)	—	—
Penis	—	—	1 (-)
Vulva	—	1 (1)	—
Nabel	—	—	1 (-)
Hypophysengang	1 (-)	—	—
Orbita	—	1 (-)	—
Auge	—	1 (-)	—

Ausgangspunkt der Krebse.

Sitz des primären Krebses	bei Männern (50)		
	in Klasse I %	in Klasse II %	in Klasse III %
Magen	16 (6)	6 (6)	—
Darmkanal	2 (2)	12 (2)	—
Speiseröhre	10 (2)	—	—
Gallenwege	—	2 (-)	—
Prostata	2 (2)	—	2 (2)
Harnblase	—	2 (2)	—
Nieren (Grawitz)	2 (2)	2 (2)	4 (2)
Lungen (Bronchien)	2 (2)	—	2 (2)
Pharynx u. Tonsillen	4 (2)	2 (-)	—
Kehlkopf	4 (-)	2 (-)	—
Lippe	2 (2)	2 (-)	—
Zunge	2 (2)	—	—
Penis	—	—	2 (-)
Nabel	—	—	2 (-)
Auge	—	2 (-)	—

Ausgangspunkt der Krebse.

Sitz des primären Krebses	bei Weibern (50)		
	in Klasse I %	in Klasse II %	in Klasse III %
Magen	10 (6)	4 (2)	—
Darmkanal	2 (2)	6 (2)	2 (2)
Weibl. Genitale (inner.)	2 (2)	—	2 (2)
Speiseröhre	2 (-)	2 (2)	—
Gallenwege	4 (4)	4 (2)	—
Lungen (Bronchien)	—	2 (2)	—
Mamma	2 (Rezid.)	4 (2)	4 (2)
Haut	2 (-)	—	—
Kiefer	2 (-)	—	—
Vulva	—	2 (2)	—
Hypophysengang	2 (-)	—	—
Orbita	—	2 (-)	—

Das *Sarkom*, über dessen numerisches Vorkommen wir ja eingangs berichteten, fanden wir nach Sitz, Altersstufe und Geschlecht betrachtet
als Milzsarkom in Klasse I d. M. zu 2% (mit Metastasen),
als Gliosarkom des Hirns in Klasse I d. M. zu 4%,
als Mammasarkom in Klasse I d. W. zu 2%,
als Lymphosarkom der Parotis in Klasse III d. M. zu 2% (mit Metastasen),
als Sarkom des Musculus pectoralis in Klasse III d. W. zu 2%.

Um zur Deutung unserer Ergebnisse zu schreiten, so scheint doch mit einiger Sicherheit die Disposition zum Krebs in der höchsten Altersstufe beträchtlich abzunehmen. Beinahe noch auffallender als die numerische Seltenheit des Carcinoms und nicht so sehr von etwaigen Fehlerquellen der statistischen Unterlage abhängig erscheint eine Beobachtung, die aufs Qualitative des Krebses geht, und die für das höhere Senium ein Abwandern des Krebses von seinem Lieblingssitz im Magendarmkanal nach andern, teilweise auch für gewöhnlich seltener befallenen Orten im Körper feststellt. Daß diese Konstatierung auf Allgemeingültigkeit Anspruch machen darf, ist anzunehmen. Auch *Schlesinger* findet an seinem autoptischen Material nach dem 70. Lebensjahre wie generell ein absolutes und relatives Seltenerwerden des Carcinoms (am erheblichsten nach dem 75. Lebensjahre), so besonders der Magen-, Darm-, Oesophagus-, Genital- und Gallenblasenkrebse, während manche Organe im höchsten Alter häufiger befallen waren (Harnblase, Lunge, Pleura). Ungefähr in diesem Sinne lauten (bei allerdings für das höchste Senium geringster Fallzahl) auch die Ergebnisse einer statistischen Untersuchung von *Bilz*, der sämtliche am Jenaer Institut seit 1910 obduzierten Krebsfälle (700) auch auf ihre Altersverteilung hin untersuchte und seinerseits weitgehende Übereinstimmung mit den Berliner Statistiken von *Bejach* und *Redlich* erzielte. Wie weit sich darin weiter theoretisch bedeutsame Faktoren aussprechen, wissen wir nicht. Die Frage nach tieferen (kausalen) Zusammenhängen zwischen Alter und Carcinomerkrankung teilt das Schicksal des Geschwulstproblems und insonderheit des Problems der Malignität überhaupt, viel diskutiert, aber im Grunde nicht geklärt zu sein.

Wenn man — und der Gründe sind doch zahlreiche — mit *Rössle* „die Erforschung des Altersproblems eine Vorbedingung der Erforschung des Krebses" nennt und entgegen *Schlesinger* sich *Bashfords* Satz zu eigen macht, der Krebs sei vom statistischen Standpunkt aus eine Funktion des Alters, vom biologischen aus eine Funktion der Senescenz, dann stehen wir (die bedingungslose Allgemeingültigkeit unserer Statistik einmal vorausgesetzt) hier vielleicht vor außerordentlichen Perspektiven. Dann erscheint der Langlebige nicht mehr als zufällig dem Krebstode entronnen, sondern dann imponiert er wirklich als besonderer Mensch und von der einfach statistisch ermittelten geringen Disposition zum Krebs, die er zeigt, führen möglicherweise gerade Wege in sein konstitutionelles Wesen.

Allgemeine Bemerkungen zur Pathologie des Greisenalters.

Welche pathologischen Ursachen meistens in den einzelnen Altersklassen das Leben zum Erlöschen brachten, davon wird man sich aus den bisher gegebenen Daten unschwer ein ungefähres Bild machen können. Der Ausbau einer Todesursachenstatistik für die höheren und zumal die höchsten Lebensalter, wo der komplexe Charakter der „Todesursache" in stärkstem Maße hervortritt, wo an sicher physiologisch rückgebildetem und geschwächtem Organismus mehrere lebenbedrohende pathologische Geschehnisse so oft gleichzeitig spielen, ist nahezu unmöglich. Ganz abgesehen davon, daß auch aus dem geringen Umfang unseres Materials eine gewisse Unvergleichbarkeit der Ergebnisse für die einzelnen Altersstufen resultieren würde, jedenfalls was Krankheiten angeht, die nicht — wie Tuberkulose, Lues, Krebs — in größter Verbreitung auftreten oder die nicht direkten oder indirekten Zusammenhang mit dem Prozeß des Alterns haben. Von Krankheiten letzterer Art war bisher vorwiegend die Rede und sie oder naheliegende Komplikationen (Incarceration von Hernien, Pyelonephritis aus Prostatahypertrophie, Decubitus bei seniler Demenz oder nach apoplektischem Insult, Pneumonie nach Knochenfrakturen usw.) stellten in der Langlebigenklasse das Hauptkontingent zu den „Todesursachen". Den physiologischen Alterstod fanden wir nicht; stets hatte dieses oder jenes (einigemale allerdings geringe) pathologische Ereignis die neue Situation geschaffen, mit welcher der Hochaltrige nicht fertig wurde. Der Tod tritt also in diesen Lebenshöhen, soviel ist sicher, in ziemlich uniformem Gewande auf.

Um noch etwas Ergänzendes hinzuzufügen: Fälle von Diabetes (die angeführten Zahlen für diabetische Gangrän waren die einzigen Anhaltspunkte für das Auftreten der Krankheit überhaupt) verteilten sich über alle Altersklassen. Daß Infektionskrankheiten wie Ruhr und Typhus bei den Höchstaltrigen nicht vorkamen, mag Zufall sein. Von Blutkrankheiten fanden wir nur eine perniziöse Anämie bei einer Frau der Klasse I. Einen Fall von Lymphogranulomatose stellte ein männliches Individuum aus Klasse II.

Schluß.

Wir werden uns bei einem letzten Rückblick auf unsere Ergebnisse kurz fassen können.

So viel ist sicher: viele wirklich markante Züge, die den Höchstaltrigen (gleich über 80jährigen) als Menschen besonderer Art bezeichnet hätten, vermochten wir nicht zu entdecken, und insofern scheinen wir dem tieferen Wesen der Langlebigkeit mit unserer Methode, auf deren Mängel die Einleitung ausdrücklich hinwies, nicht viel näher gekommen zu sein.

Ob das Absinken der Krebserkrankung bei den Höchstaltrigen, jener wirklich frappante Befund, Ausdruck für uns wichtiger konstitutioneller Verhältnisse ist, wird die künftige Erforschung des Krebsproblems lehren müssen. Was wir sonst hier und da als vielleicht bedeutsamen Hinweis auf konstitutionelle Qualitäten oder Sondercharaktere anderer Art bei den Höchstaltrigen aufleuchten ließen, halten wir in diesem Rückblick, wo schärfste kritische Einstellung am Platze ist, für zu unbestimmt, um daran weitgehende Schlußfolgerungen zu knüpfen.

Überreichliche Beweise brachten wir im Gegenteil für die Annahme, daß der Höchstaltrige, anatomisch betrachtet, Höhestadien physiologischer Rückbildung zeigt, im Vergleich mit niederen Altersstufen durchaus die Bewegung der senilen Involution weiterführt. Wir behaupten das um so sicherer, weil die Durchschnittsgewichte quantitativ exakt diese These stützen. Auch die Untersuchung auf pathologische Abnutzungserscheinungen zeigte im Gegensatz zu in der Literatur verstreuten Mitteilungen enorme Grade von Atherosklerose bei den Höchstaltrigen.

Ist über die Voraussetzung vom konstitutionellen Charakter der Langlebigkeit damit der Stab gebrochen, und schenkt der pure Zufall Leben oder Tod?

Wir glauben, daß der Verzicht auf konstitutionell gesetzliche Fassung der Höchstaltrigkeit eine unverzeihliche Voreiligkeit wäre. Zwei Möglichkeiten im konstitutionellen Sinn positiver Auswertung läßt unser an sich negatives Ergebnis zu.

Einmal könnte die Frage, jenseits welchen Lebensjahres man nur oder fast nur „echte" konstitutionelle Langlebige und nicht auch gleichzeitig, wie wir sie früher einmal nannten, „in die Langlebigkeit Verirrte", aus Schicksalslaune höchstaltrig Gewordene erwarten dürfe, eine Förderung erfahren haben und dahin entschieden sein, daß man sie in höheren Altersklassen zu suchen hat, als knapp jenseits des 80. Lebensjahres. Dann würden Untersuchungen nach unserer Methode vielleicht (ganz nach der Meinung *Schlesingers*) den Zentenarier als „Typus für sich" erweisen.

Oder aber: die konstitutionelle Langlebigkeit liegt schon in den von uns untersuchten Altersstufen vor; doch ist sie als solche mit grob anatomischen Methoden nicht nachweisbar. Verhältnisse, wie etwa die oben besprochene Verminderung der Krebssterblichkeit wären Stigmata einer konstitutionellen Verfassung, deren Struktur auf diesem Wege unzugänglich bleibt.

Literaturverzeichnis (gekürzt).

Aschoff, L., Pathologische Anatomie, Jena 1919. — *Bauer,* J., Die konstitutionelle Disposition zu inneren Krankheiten. Berlin 1917. — *Bauer,* J., Der jetzige Stand der Lehre von der Konstitution. Dtsch. med. Wochenschr. 1920, Nr. 14/15. — *Biedl,* A., Innensekretion.

Berlin-Wien 1910. — *Bilz*, Über die Häufigkeit der bösartigen Geschwülste im Jenenser Sektionsmaterial von 1910—1919. Inaug.-Diss. Jena 1921. — *Borst, M.*, Die Lehre von den Geschwülsten. Wiesbaden 1902. — *Borst, M.*, Geschwülste. Naturwissenschaften 1921 (Virchow-Sonderheft), Nr. 41. — *Doflein, F.*, Das Problem des Todes und der Unsterblichkeit bei den Pflanzen und Tieren. Jena 1919. — *Hellwig, H.*, Die Beziehungen des Kropfes zu Ernährungsverhältnissen und zur Atherosklerose. Inaug.-Diss. Jena 1919. — *Hufeland, Chr. W.*, Makrobiotik. (Reclam.) — *Kapp*, Vom vorzeitigen Altern. (Enke, Stuttgart). — *Korschelt, E.*, Lebensdauer, Altern und Tod. Jena 1917. — *Lindheim*, Saluti senectutis. Wien 1909. — *Lubarsch, O.*, Zur Konstitutions- und Dispositionslehre. Naturwissenschaften 1921 (Virchow-Sonderheft), Nr. 41. — *Martius*, Konstitution und Vererbung in ihren Beziehungen zur Pathologie. Springer, Berlin. — *Pütter, A.*, Zur Physiologie der Lebensdauer. Naturwissenschaften 8, H. 11. 1920. — *Pütter, A.*, Lebensdauer und Alternsfaktor. Zeitschr. f. allg. Physiol. **19**, H. 1. — *Pütter, A.*, Die ältesten Menschen. Naturwissenschaften **9**, H. 43. 1921. — *Prinzing*, Medizinische Statistik. Jena 1906. — *Ribbert, H.*, Der Tod an Altersschwäche. Bonn 1908. — *Rössle, R.*, Wachstum und Altern. Erster, physiologischer Teil. Ergebn. d. allg. Pathol. u. pathol. Anat. **18**, 2. Abt. — *Rössle, R.*, Über das Altern. Naturwissensch. Wochenschr. 1917, Nr. 18. — *Rössle, R.*, Bernhard Sigismund Schultze-Jena und Ernst Haeckel. Ein Beitrag zur Kenntnis menschlicher Höhenentwicklung. Korrespbl. d. allg. ärztl. Ver. v. Thür. 1920, Nr. 1/2. — *Rössle, R.*, Multiple Tumoren und ihre Bedeutung für die Frage der konstitutionellen Entstehungsbedingungen der Geschwülste. Zeitschr. f. angew. Anat. u. Konstitutionsl. **5**, H. 3. — *Schlesinger, H.*, Die Krankheiten des höheren Lebensalters. Wien und Leipzig 1914. — Statistisches Jahrbuch für das Deutsche Reich. Herausgegeb. vom Statistischen Reichsamt, Jahrg. 36—41. — *Steinach, E.*, Verjüngung durch experimentelle Neubelebung der alternden Pubertätsdrüse. Berlin 1920. — *Westergaard*, Mortalität und Morbidität. Jena 1902. — *Wolff, J.*, Die Lehre von der Krebskrankheit. Jena 1913.

VERLAG VON JULIUS SPRINGER IN BERLIN W 9

Einführung in die allgemeine Konstitutions- und Vererbungspathologie. Ein Lehrbuch für Studierende und Ärzte. Von Dr. HERMANN WERNER SIEMENS. Mit 80 Abbildungen und Stammbäumen im Text. (VIII, 230 S.) 1921. Preis M. 64.—

Vorlesungen über allgemeine Konstitutions- und Vererbungslehre. Für Studierende und Ärzte. Von Dr. JULIUS BAUER, Privatdozent für innere Medizin an der Wiener Universität. Mit 47 Textabbildungen. (IV, 186 S.) 1921. Preis M. 36.—

Die konstitutionelle Disposition zu inneren Krankheiten. Von Dr. JULIUS BAUER, Privatdozent für innere Medizin an der Wiener Universität. Zweite, vermehrte und verbesserte Auflage. Mit 63 Textabbildungen. (XI, 650 S.) 1921. Preis M. 88.—; gebunden M. 104.—

Konstellationspathologie und Erblichkeit. Von Dr. N. PH. TENDELOO, Professor der allgemeinen Pathologie und der pathologischen Anatomie an der Reichsuniversität Leiden. (IV, 32 S.) 1921. Preis M. 8.60

Restitution und Vererbung. Experimenteller, kritischer und synthetischer Beitrag zur Frage des Determinationsproblems. Von Professsor Dr. VLADISLAV RŮŽIČKA, Vorstand des Instituts für allgemeine Biologie und experimentelle Morphologie der Medizinischen Fakultät in Prag. (Aus Roux, „Vorträge und Aufsätze über Entwicklungsmechanik der Organismen", Heft 23.) (II, 69 S.) 1919. Preis M. 10.—

Studien über Vererbung und Entstehung geistiger Störungen. Herausgegeben von ERNST RÜDIN in München. III. Zur Klinik und Vererbung der Huntingtonschen Chorea. Von Dr. JOSEF LOTHAR ENTRES, Oberarzt an der Heil- und Pflegeanstalt Eglfing. Mit 2 Tafeln, 1 Textabbildung und 18 Stammbäumen. (Heft 27 der „Monographien aus dem Gesamtgebiete der Neurologie und Psychiatrie".) (IV, 150 S.) 1921. Preis M. 88.—

Immunbiologie — Dispositions- und Konstitutionsforschung—Tuberkulose. Von Dr. HERMANN v. HAYEK in Innsbruck. (IV, 38 S.) 1921. Preis M. 9.60

Die individuelle Entwickelungskurve des Menschen. Ein Problem der medizinischen Konstitutions- und Vererbungslehre. Von Dr. HERMANN HOFFMANN, Privatdozent für Psychiatrie an der Universität Tübingen. Mit 8 Textabbildungen. 1922. In Vorbereitung

HIERZU TEUERUNGSZUSCHLÄGE

MIX
Papier aus verantwortungsvollen Quellen
Paper from responsible sources
FSC® C105338

If you have any concerns about our products,
you can contact us on
ProductSafety@springernature.com

In case Publisher is established outside the EU,
the EU authorized representative is:
**Springer Nature Customer Service Center GmbH
Europaplatz 3, 69115 Heidelberg, Germany**

Printed by Libri Plureos GmbH
in Hamburg, Germany